11－060 职业技能鉴定指导书

职业标准·试题库

电力负荷控制员

（第二版）

电力行业职业技能鉴定指导中心 编

电力工程 营业用电专业

中国电力出版社
www.cepp.com.cn

内 容 提 要

本《指导书》是按照劳动和社会保障部制定国家职业标准的要求编写的，其内容主要由职业概况、职业技能培训、职业技能鉴定和鉴定试题库四部分组成，分别对技术等级、工作环境和职业能力特征进行了定性描述；对培训期限、教师、场地设备及培训计划大纲进行了指导性规定。本《指导书》自1999年出版后，对行业内职业技能培训和鉴定工作起到了积极的作用，本书在原《指导书》的基础上进行了修编，补充了内容，修正了错误。

试题库是根据《中华人民共和国国家职业标准》和针对本职业（工种）的工作特点，选编了具有典型性、代表性的理论知识（含技能笔试）试题和技能操作试题，还编制有试卷样例和组卷方案。

《指导书》是职业技能培训和技能鉴定考核命题的依据，可供劳动人事管理人员、职业技能培训及考评人员使用，亦可供电力（水电）类职业技术学校和企业职工学习参考。

图书在版编目（CIP）数据

电力负荷控制员：11-060 / 电力行业职业技能鉴定指导中心编. —2版. 北京：中国电力出版社，2010.6（2018.3重印）
（职业技能鉴定指导书. 职业标准试题库）
ISBN 978-7-5123-0229-7

Ⅰ. ①电… Ⅱ. ①电… Ⅲ. ①电力系统-负荷（电）-控制系统-职业技能鉴定-习题 Ⅳ. ①TM714-44

中国版本图书馆CIP数据核字（2010）第047402号

中国电力出版社出版、发行
（北京市东城区北京站西街19号 100005 http://www.cepp.com.cn）
北京雁林吉兆印刷有限公司印刷
各地新华书店经售
*
2002年9月第一版
2010年6月第二版 2018年3月北京第七次印刷
850毫米×1168毫米 32开本 7.75印张 196千字
印数16501—17500册 定价**16.00**元

电力职业技能鉴定题库建设工作委员会

主　任：徐玉华

副主任：方国元　王新新　史瑞家　杨俊平
陈乃灼　江炳思　李治明　李燕明
程加新

办公室：石宝胜　徐纯毅

委　员（以姓氏笔画为序）

马建军　马振华　马海福　王　玉
王中奥　王向阳　王应永　丘佛田
李　杰　李生权　李宝英　刘树林
吕光全　许佐龙　朱兴林　陈国宏
季　安　吴剑鸣　杨　威　杨文林
杨好忠　杨耀福　张　平　张龙钦
张彩芳　金昌榕　南昌毅　倪　春
高　琦　高应云　奚　珣　徐　林
谌家良　章国顺　董双武　焦银凯
景　敏　路俊海　熊国强

第一版编审人员

编写人员：任长虹　王华明　庹心冰
　　　　　刘五四　周　路　周学平

审定人员：郭万祝　钟祖琴

第二版编审人员

编写人员（修订人员）：

　　　　　夏水斌　叶　利　马利人

审定人员：张宝田　何　静　崔永哲

说　明

为适应开展电力职业技能培训和实施技能鉴定工作的需要，按照劳动和社会保障部关于制定国家职业标准，加强职业培训教材建设和技能鉴定试题库建设的要求，电力行业职业技能鉴定指导中心统一组织编写了电力职业技能鉴定指导书（以下简称《指导书》）。

《指导书》以电力行业特有工种目录各自成册，于1999年陆续出版发行。

《指导书》的出版是一项系统工程，对行业内开展技能培训和鉴定工作起到了积极作用。由于当时历史条件和编写力量所限，《指导书》中的内容已不能适应目前培训和鉴定工作的新要求，因此，电力行业职业技能鉴定指导中心决定对《指导书》进行全面修编，在各网省电力（电网）公司、发电集团和水电工程单位的大力支持下，补充内容，修正错误，使之体现时代特色和要求。

《指导书》主要由职业概况、职业技能培训、职业技能鉴定和鉴定试题库四部分内容组成。其中，职业概况包括职业名称、职业定义、职业道德、文化程度、职业等级、职业环境条件、职业能力特征等内容；职业技能培训包括对不同等级的培训期限要求，对培训指导教师的经历、任职条件、资格要求，对培训场地设备条件的要求和培训计划大纲、培训重点、难点以及对学习单元的设计等；职业技能鉴定的依据是《中华人民共和国国家职业标准》，其具体内容不再在本书中重复；鉴定试题库是根据《中华人民共和国国家职业标准》所规定的范围和内容，以实际技能操作为主线，按照选择题、判断题、简答题、计算题、绘图题和论述题六种题型进行选题，并以难易程度组合排列，同时汇集了大量电力生产建设过程中具有普遍代表性和典型性的实际操作试题，构成了各工种的技能鉴定试题库。试题库的深度、广度涵盖了本职业技能鉴定的全部内容。题库之后还附有试卷样例和组卷方案，为实施鉴定命题提供依据。

《指导书》力图实现以下几项功能：劳动人事管理人员可根据《指导书》进行职业介绍，就业咨询服务；培训教学人员可按照《指导书》中的培训大纲组织教学；学员和职工可根据《指导书》要求，制订自学计划，确立发展目标，走自学成才之路。《指导书》对加强职工队伍培养，提高队伍素质，保证职业技能鉴定质量将起到重要作用。

本次修编的《指导书》仍会有不足之处，敬请各使用单位和有关人员及时提出宝贵意见。

电力行业职业技能鉴定指导中心

2009 年 12 月

目　录

1 职业概况

1.1 职业名称

电力负荷控制员（11—060）。

1.2 职业定义

电力负荷控制设备的安装、维护、检修人员和电力负荷控制系统的操作、运行人员。

1.3 职业道德

热爱本职工作，刻苦钻研技术，遵守劳动纪律，爱护工具、设备，安全文明生产，诚实团结协作，艰苦朴素，尊师爱徒。

1.4 文化程度

中等职业技术学校毕（结）业。

1.5 职业等级

本职业按照国家职业资格的规定，设初级（国家五级）、中级（国家四级）、高级（国家三级）、技师（国家二级）、高级技师（国家一级）共五个等级。

1.6 职业环境条件

室内、外作业。设备安装、维护、检修及现场操作在高温、高空和一定噪声及灰尘的环境条件下工作。

1.7 职业能力特征

1.7.1 有获取、领会和理解外界信息的能力，以及做出分析、推理和判断的能力；

1.7.2 有领会、理解和应用技术文件的能力，并能按照技术文件的要求正确安装设备；

1.7.3 有理解语言含义及与之关联思想的能力，能用精炼、专业的语言进行工作联系和工作交流；

1.7.4 有准确而有目的地运用数字进行运算的能力；

1.7.5 有根据视觉、听觉信息协调眼、手、足及身体其他部位，迅速、准确、协调地作出反应，完成既定操作和处理突发事件的能力；

1.7.6 有凭思维想象几何形体和懂得三维物体的二维表现方法及一般电气和机械的绘图和识图能力。

2 职业技能培训

2.1 培训期限

2.1.1 初级工：在取得职业准入资格的基础上（中等职业技术学校毕业），进厂（局）见习期间的技能培训累计不少于 500 标准学时；

2.1.2 中级工：在取得初级职业资格的基础上累计不少于 400 标准学时；

2.1.3 高级工：在取得中级职业资格的基础上累计不少于 400 标准学时；

2.1.4 技师：在取得高级职业资格的基础上累计不少于 500 标准学时；

2.1.5 高级技师：在取得技师职业资格的基础上累计不少于 350 标准学时。

2.2 培训教师资格

2.2.1 任职条件：

2.2.1.1 具有良好的职业道德；

2.2.1.2 具有组织、指导教学经验和较好的表达能力；

2.2.1.3 熟悉电力负荷控制专业理论和操作技能；

2.2.1.4 能正确、规范、熟练地进行操作示范；

2.2.1.5 善于启发、组织学员学习和独立钻研；

2.2.1.6 能指导并有效地控制学员的操作行为。

2.2.2 任职资格：

2.2.2.1 具有中级以上专业技术职称的工程技术人员和技师可担任初、中级工培训教师；

2.2.2.2 具有高级专业技术职称的工程技术人员和高级技师可担任高级工、技师和高级技师的培训教师。

2.3 培训场地设备

2.3.1 具备本职业（工种）基础知识培训的教室和教学设备（电工、电子、通信、计算机等）；

2.3.2 具有基本技能训练的实习场所（独立的计算机室和模拟变、配电室）及实际操作训练设备（完整、独立的主站系统和若干模拟用户终端）。

2.4 培训项目

2.4.1 培训目的：通过培训达到《职业技能鉴定规范》对本职业的知识和技能要求。

2.4.2 培训方式：以自学和脱产相结合的方式，进行基础知识讲课和技能训练。

2.4.3 培训重点

（1）政策法规和规程。

1）《电力法》；

2）《电力供应与使用条例》；

3）《国家电网公司电力安全工作规程》（变电部分）；

4）《电器设备规范及运行规程》配电、计量、保护装置。

（2）计算机原理及相关软件的运用：包括计算机的基本原理；计算机网络的组成；相关软件的功能、作用及使用方法；安装、检修和运行、操作；主站（计算机、电台）设备及软件的安装、调试；终端设备（含天线）的安装、调试；日常运行及操作（遥测、遥信、遥控）；设备检修的流程和规定；系统异常的分析、判断、处理；计算机硬件故障；计算机软件异常；主站电台故障；无线信道故障；终端故障及用户设备故障导致终端设备异常。

2.5 培训大纲

本职业技能培训大纲以模块组合（MES）—模块（MU）—学习单元（LE）的结构模式进行编写（见表 1）；职业技能模块及学习单元对照选择表见表 2；学习单元名称见表 3。

表 1　　　　培　训　大　纲

模块序号及名称	单元序号及名称	学习目标	学习内容	学习方式	参考学时
MU1 电力负荷控制人员职业道德	LE1 电力负荷控制人员职业道德及电力法规	通过本单元学习，了解电力负荷控制人员的职业道德规范，并能自觉遵守行为规范准则和电力法规的规定	1. 热爱祖国，热爱本职工作 2. 刻苦学习，钻研技术 3. 爱护设备、工具 4. 团结协作 5. 遵守纪律、安全文明 6. 尊师爱徒、严守岗位职责 7. 电力法规的内容	自学	2
MU2 安全技术措施	LE2 安全措施	通过本单元学习，了解安全规定并能做好安全工作	1. 电力负荷控制人员应具备的条件 2. 保证安全的组织措施 3. 巡视、检查、测试负荷控制设备应注意事项	自学	2
	LE3 技术措施	通过本单元学习，了解保证安全的技术措施，并能在实际工作中认真做好安全措施	1. 停电 2. 验电 3. 装设接地线 4. 悬挂标示牌和装设遮栏 5. 低压带电作业的安全措施	自学	2

续表

模块序号及名称	单元序号及名称	学习目标	学习内容	学习方式	参考学时
MU3 计算机网络及相应软件	LE4 计算机原理	通过本单元学习，了解计算机的基础知识和概念	1. 基本结构 2. 运算基础 3. 性能指标 4. 外部设备	理论教学和电化教学	10
	LE5 计算机网络原理	通过本单元学习，了解计算机网络的基础知识	1. 网络概念 2. 网络分类 3. 网络组成 4. 网络应用		20
	LE6 计算机软件	通过本单元学习，了解计算机软件的基础知识	1. 操作系统 2. 文字处理 3. 数据库 4. 计算机防病毒		30
MU4 配电装置	LE7 配电装置规范	通过本单元学习，了解各种配电设备的规范，并能进行正常操作	1. 电压互感器 2. 电流互感器 3. 开关 4. 母线	自学	10
	LE8 配电装置操作	通过本单元学习，了解配电装置的操作程序与方法，并能进行正常操作	1. 开关操作及注意事项 2. 互感器操作及注意事项	技能训练	10
	LE9 配电装置接线	通过本单元学习，了解配电装置接线的标准及要求，并能正确操作	1. 电压互感器接线 2. 电流互感器接线 3. 开关接线	技能训练	20
	LE10 配电装置故障判断	通过本单元学习，了解配电装置的故障原因，并能正确判断各种故障	1. 开关的故障判断 2. 互感器的故障判断 3. 其他配电装置的故障判断	技能训练	20

续表

模块序号及名称	单元序号及名称	学习目标	学习内容	学习方式	参考学时
MU5 电能计量装置	LE11 电能计量装置规范	通过本单元学习，了解电能计量装置规范和要求，并能进行正常检查和操作	1. 机械式电能表 2. 电子式电能表 3. 计量互感器	理论教学	10
	LE12 电能计量装置检查	通过本单元学习，了解电能计量装置的检查内容和方法	1. 电能表外观检查 2. 互感器外观检查 3. 接线检查	技能训练	10
	LE13 电能计量装置接线	通过本单元学习，了解电能计量装置的接线要求和标准，并能正确操作	1. 电能表的电压、电流接线 2. 电能表的脉冲接线 3. 电能表的通信接线 4. 互感器接线	技能训练	20
MU6 电力负荷控制系统	LE14 电力负荷控制系统构成	通过本单元学习，了解电力负荷控制系统的各组成部分、层次结构	1. 主站设备 2. 中继站设备 3. 终端设备	理论教学	5
	LE15 电力负荷控制系统主站功能	通过本单元学习，了解电力负荷控制系统的主站功能要求	1. 管理功能 2. 负荷控制功能 3. 数据处理功能 4. 系统自诊断自恢复功能 5. 通信功能 6. 其他功能	理论教学	5
	LE16 电力负荷控制终端功能	通过本单元学习，了解电力负荷控制系统装置的终端功能要求	1. 时钟对时 2. 电能表读数冻结 3. 自检 4. 脉冲计数输入 5. 电能量、功率需量计算 6. 日、月份时电能量记录 7. 电压采集 8. 开关状态采集 9. 当地打印 10. 当地显示 11. 当地设置定值 12. 当地控制 13. 当地报警 14. 远方设置定值 15. 远方控制 16. 越限跳闸记录 17. 遥控跳闸记录	理论教学	10

续表

模块序号及名称	单元序号及名称	学习目标	学习内容	学习方式	参考学时
MU6 电力负荷控制系统	LE17 无线电信道	通过本单元学习，了解电力负荷控制系统装置无线电信道的功能要求	1. 调幅广播 2. 调频广播 3. 无线寻呼 4. 专用无线信道	理论教学	5
	LE18 通信规约	通过本单元学习，了解电力负荷控制系统通信规约的基础知识	1. 通信方式 2. 字节格式 3. 帧结构、帧格式和帧校验 4. 传输规约 5. 信息数据区内容分析	理论教学	3
	LE19 电力负荷控制系统装置	通过本单元学习，了解电力负荷控制系统工作原理	1. 主站 2. 终端 3. 无线电信道 4. 中继站	理论教学	30
	LE20 电力负荷控制系统安装	通过本单元学习，掌握电力负荷控制系统安装技能	1. 主站装设环境 2. 终端装设环境 3. 安装的工艺要求 4. 安装步骤	理论教学和技能训练	20
	LE21 电力负荷控制系统调试	通过本单元学习，掌握电力负荷控制系统调试技能	1. 调试步骤 2. 调试方法	技能训练	6
	LE22 电力负荷控制系统故障分析	通过本单元学习，掌握电力负荷控制系统故障分析技能	1. 主站故障分析 2. 终端故障分析	技能训练	6
	LE23 电力负荷控制系统管理	通过本单元学习，掌握电力负荷控制系统管理知识	1. 质量管理 2. 安装管理 3. 资产管理 4. 运行管理	理论教学	5
	LE24 电力负荷控制系统运行维护	通过本单元学习，掌握电力负荷控制系统运行维护的技能	1. 运行维护 2. 检修制度	理论教学	3

表 2　　　　　职业技能模块及学习单元对照选择表

模块		MU1	MU2	MU3	MU4	MU5	MU6
内容		电力负荷控制人员职业道德	安全技术措施	计算机网络及相应软件	配电装置	电能计量装置	电力负荷控制系统
参考学时		2	4	60	60	40	98
适用等级		初级 中级 高级 技师 高级技师	初级 中级 高级 技师 高级技师	中级 高级 技师 高级技师	中级 高级 技师 高级技师	中级 高级 技师 高级技师	初级 中级 高级 技师 高级技师
学习单元选择	初	1	2，3				14～24
	中	1	2，3	4～6	7～10	11～13	14～24
	高	1	2，3	4～6	7～10	11～13	14～24
	技	1	2，3	4～6	7～10	11～13	14～24
	高技	1	2，3	4～6	7～10	11～13	14～24

表 3

单元序号	单元名称	单元序号	单元名称
LE1	电力负荷控制人员职业道德及电力法规	LE13	电能计量装置接线
LE2	安全措施	LE14	电力负荷控制系统构成
LE3	技术措施	LE15	电力负荷控制主控机功能
LE4	计算机原理	LE16	电力负荷控制终端功能
LE5	计算机网络原理	LE17	无线电信道
LE6	计算机软件	LE18	通信规约
LE7	配电装置规范	LE19	电力负荷控制系统装置
LE8	配电装置操作	LE20	电力负荷控制系统安装
LE9	配电装置接线	LE21	电力负荷控制系统调试
LE10	配电装置故障处理	LE22	电力负荷控制系统故障分析
LE11	电能计量装置规范	LE23	电力负荷控制系统管理
LE12	电能计量装置检查	LE24	电力负荷控制系统运行维护

3 职业技能鉴定

3.1 鉴定要求

鉴定范围、鉴定内容、鉴定比重、合格标准、申报条件等按本职业（工种）《中华人民共和国职业技能鉴定规范》执行。

3.2 考评人员

考评人员分考评员和高级考评员。考评员可承担初、中、高级技能等级鉴定；高级考评员可承担初、中、高级技能等级和技师、高级技师资格考评。其任职条件是：

3.2.1 考评员必须具有高级工、技师或者中级专业技术职务以上的资格，具有 15 年以上本专业工龄；高级考评员必须具有高级技师或者高级专业技术职务的资格，取得考评员资格并具有一年以上实际考评工作经历。

3.2.2 掌握必要的职业技能鉴定理论、技术和方法，熟悉职业技能鉴定的有关法律、法规和政策，有从事职业技术培训、考核的经历。

3.2.3 具有良好的职业道德，秉公办事，自觉遵守职业技能鉴定考评人员守则和有关规章制度。

鉴定试题库

4

4.1 理论知识（含技能笔试）试题

4.1.1 选择题

下列每题都有四个答案，其中只有一个正确答案，将正确答案填在括号内。

La5A1001 电感线圈所储存的磁场能量为零的条件是（**B**）。

（A）线圈两端电压为零；（B）通过线圈的电流为零；（C）（A）、（B）两种条件同时存在；（D）（A）～（C）描述均不正确。

La5A1002 AB是一个平面圆的直径，在经过AB平面圆垂直平面内有一根通电导线CD，已知CD∥AB，当CD垂直向上平移时，电流磁场穿过圆面积的磁通量将（B）。

（A）逐渐减少；（B）始终为零；（C）逐渐增多；（D）保持不变，但不为零。

La5A3003 任一瞬间电感上的电压与自感电动势（**B**）。

（A）大小相等，方向相同；（B）大小相等，方向相反；（C）大小不等，方向相同；（D）大小不等，方向相反。

La4A3004 磁感应强度定义式为$B=\frac{F}{IL}$，它所反映的物理量间的依赖关系是（**B**）。

（A）磁感应强度 B 由电磁力 F、通电导体电流 I 和导体的有效长度 L 决定；（B）F 由 B、I 和 L 决定；（C）I 由 B、F 和 L 决定；（D）L 由 B、I 和 F 决定。

La4A4005 三相桥式整流电路中，每个二极管导通的时间是（**C**）个周期。

（A）1；（B）1/2；（C）1/3；（D）1/4。

La4A5006 三相可控硅整流电路中，每个可控硅承受的最大反向电压是二次（**D**）。

（A）相电压值；（B）相电压峰值；（C）线电压值；（D）线电压峰值。

La3A1007 无线电波的频率（f）、波长（λ）、速度（v）三者之间关系正确的公式是（**A**）。

（A）$v=\lambda f$；（B）$\lambda=vf$；（C）$f=\lambda v$；（D）$\lambda fv=1$。

La3A2008 ***R***、***L*** 串联电路接通直流电源时，表示电感元件中电流增长快慢的时间常数 τ=（**C**）。

（A）RL；（B）$1/RL$；（C）L/R；（D）R/L。

La3A3009 叠加原理可用于线性电路中（**A**）的计算。

（A）电流、电压；（B）电流、功率；（C）电压、功率；（D）电流、电压、功率。

La3A3010 并联谐振又称为（**B**）谐振。

（A）电阻；（B）电流；（C）电压；（D）电抗。

La3A4011 三相对称电源的线电压为 380V，对称负载星形接线，没有中线，如某相突然断掉，则其余两相负载的相电压为（C）V。

（A）380；（B）$380/\sqrt{3}$；（C）380/2；（D）380/3。

La3A5012 在R、L、C并联电路中，若以电压源供电，且令电压有效值固定不变，则在谐振频率附近总电流值将（A）。

（A）比较小；（B）不变；（C）比较大；（D）不确定。

La3A5013 衡量一个放大器电路的零漂，一般是从放大电路的（C）考虑。

（A）输入、输出电压两方面；（B）输入电压、放大倍数两方面；（C）输出电压、放大倍数两方面；（D）输入、输出电压及放大倍数三方面。

La2A2014 “2FSK”中的2表示（C）。

（A）一种信号；（B）两路信号；（C）二进制信号；（D）2个FSK。

La2A3015 在自由空间传播条件下，电波传播的路径损耗与（A）有关。

（A）工作频率；（B）发射机的输出功率；（C）天线的增益；（D）天线的有效高度。

La2A3016 如图A-1所示电路，只增加交流电的频率时，（A）灯亮度增强。

（A）LH1；（B）LH2；（C）LH3；（D）LH1、LH2、LH3。

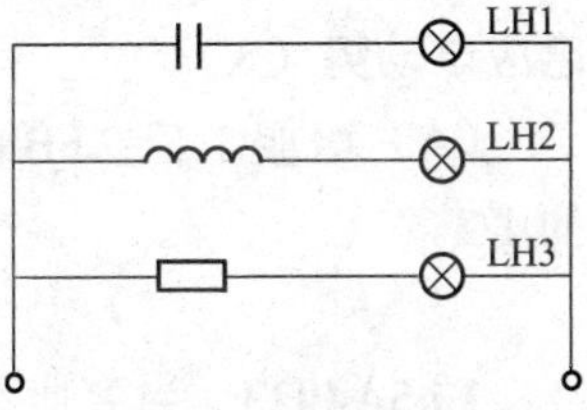

图A-1

La2A4017 在单桥式整流电路中，若一个二极管极性接反了，则（D）。

（A）仍是全波整流；（B）是半波整流；（C）1/4 波整流；（D）没输出波。

La2A4018 电波在自由空间中传播时有（D）现象。

（A）反射；（B）折射；（C）吸收；（D）直射。

Lb5A1019 三绕组降压变压器高压绕组的额定容量应（D）。

（A）为中压和低压绕组额定容量之和；（B）与中压绕组容量相等；（C）与低压绕组容量相等；（D）与变压器的额定容量相等。

Lb5A2020 电弧炼钢炉属于（C）。

（A）一类负荷；（B）二类负荷；（C）三类负荷；（D）其他负荷。

Lb5A2021 三相变压器铭牌上所标的容量是指额定三相的（C）。

（A）有功功率；（B）无功功率；（C）视在功率；（D）有功功率与无功功率之和。

Lb5A3022 电源电压不变，频率增加 1 倍，变压器线圈的感应电动势（A）。

（A）增加 1 倍；（B）不变；（C）减少 1 倍；（D）是原来的 1/2。

Lb5A4023 当变比不同的两台变压器并列运行时，会产生环流，并在两台变压器内产生电压降，使得两台变压器输出端电压（C）。

（A）均上升；（B）均下降；（C）变比大的升、小的降；（D）变比小的升、大的降。

Lb5A4024　用具有全波整流器的整流系电压表测量交流150V电压时，电压表读数是（C）。

（A）0V；（B）75V；（C）150V；（D）166.5V左右。

Lb4A1025　按照我国电能质量标准规定，容量在300MW及以上的供电网频率允许偏差范围是（A）。

（A）±0.2Hz；（B）±0.5Hz；（C）+0.2，－0.5Hz；（D）+0.5，－0.2Hz。

Lb4A1026　DT8型电能表是（C）。

（A）单相有功电能表；（B）三相三线有功电能表；（C）三相四线有功电能表；（D）三相四线无功电能表。

Lb4A1027　导线的安全工作电流是指在（C）℃温度下允许通过的最大电流。

（A）0；（B）20；（C）25；（D）55。

Lb4A1028　隔离开关的作用主要是（C）。

（A）进行倒闸操作；（B）切断电气设备；（C）使检修设备与带电设备隔离；（D）方便合闸。

Lb4A1029　无线电双向终端中，（A）的作用是接收和发送数据。

（A）电台；（B）主控板；（C）电源；（D）I/O接口板。

Lb4A1030　将交流220V变换成终端内各部件所需的直流电源是（C）。

（A）电台；（B）主控板；（C）整流器；（D）I/O 接口板。

Lb4A1031　完成双向终端和主控站通信，实现各种功能的指挥中心是（B）。

（A）电台；（B）主控板；（C）电源；（D）I/O 接口板。

Lb4A1032　连接监控对象脉冲信号、遥控量、遥测量、遥信量的是（D）。

（A）电台；（B）主控板；（C）电源；（D）I/O 接口板。

Lb4A2033　运行中的电力系统中发生一相断线故障时，不可能出现中性点位移的是（B）。

（A）中性点不接地系统；（B）中性点直接接地系统；（C）中性点经消弧线圈接地系统；（D）（A）～（C）三种系统。

Lb4A2034　一台 50Hz 的变压器接到 60Hz 电源上后，变压器的电抗为原来的（C）倍。

（A）0.8；（B）1；（C）1.2；（D）1.5。

Lb4A2035　瓷绝缘子表面做成波纹形，主要作用是（A）。

（A）增加电弧爬距；（B）提高耐压强度；（C）防止尘埃落在瓷绝缘上；（D）增加抗弯强度。

Lb4A2036　三相负载对称是指（C）。

（A）各阻抗相等；（B）阻抗角相等；（C）各阻抗值相等，且阻抗角相等；（D）电阻值相等，阻抗角相等。

Lb4A2037　RL 型熔断器是（A）。

（A）低压螺旋式熔断器；（B）插入式熔断器；（C）无填料封闭管式熔断器；（D）有填料封闭管式熔断器。

Lb4A2038 三相三线电能表电压为 **380V**，标定电流 **5A**，最大额定电流 **20A**，在铭牌的标志为（**D**）。

（A）380V，5～20A；（B）380V，5(20)A；（C）3×380V，3×(5～20A)；（D）3×380V，3×5(20)A。

Lb4A2039 在无线电力负荷控制系统中，主站数传电台的功率一般不大于（**D**）**W**。

（A）5；（B）10；（C）20；（D）25。

Lb4A3040 自动合闸的顺序一般是按照（**A**）顺序进行的。

（A）先拉的先合；（B）先拉的后合；（C）负荷小的先合；（D）负荷大的先合。

Lb4A2041 三相交流母线的油漆颜色是（**B**）。

（A）A 相红色、B 相绿色、C 相黄色；（B）A 相黄色、B 相绿色、C 相红色；（C）A 相红色、B 相黄色、C 相绿色；（D）A 相黄色、B 相红色、C 相绿色。

Lb4A2042 保护接零系统中，插座的接地端子应（**B**）。

（A）与插座的工作零线端子相连接；（B）与零干线直接连接；（C）与工作零线连接；（D）经过熔断器与零干线相连。

Lb4A2043 转角绝缘子导线应绑扎在（**C**）。

（A）与直线段同侧；（B）与直线段异侧；（C）受力的一侧；（D）不受力的一侧。

Lb4A2044 低压带电接线、拆线时，（**C**）。

（A）先接相线后接零线，拆线时顺序相同；（B）先接相线后接零线，拆线时顺序相反；（C）先接零线后接相线，拆线时顺序相反；（D）先接零线后接相线，拆线时顺序相同。

Lb4A2045 按照实用化验收标准，**2000** 年以后，各类电力负荷控制装置可用率应不小于（**C**）。

（A）94%；（B）95%；（C）97%；（D）99%。

Lb4A2046 按实用化验收要求，与中心站直接通信的终端，随机巡测成功率应达到（**D**）。

（A）95%；（B）96%；（C）97%；（D）98%。

Lb4A3047 （**D**）的作用是放大无线接收到的微弱射频信号，提高接收机的灵敏度。

（A）音频放大器；（B）第一中频放大器；（C）第二中频放大器；（D）高频放大器。

Lb4A3048 在无线电接收机中，高频放大器的作用是（**C**）。

（A）提高信噪比；（B）提高选择性；（C）提高接收灵敏度；（D）增加接收带宽。

Lb4A3049 按照电力负荷控制通信规约规定，信息数据字节长度最大允许为（**C**）个字节。

（A）8；（B）249；（C）255；（D）256。

Lb4A3050 三相对称负载三角形连接时，线电压是相电压的（**B**）倍。

（A）$1/\sqrt{3}$；（B）1；（C）$\sqrt{3}$；（D）3。

Lb4A3051 三相对称负载三角形连接时，线电流是相电流的（**C**）倍。

（A）$1/\sqrt{3}$；（B）1；（C）$\sqrt{3}$；（D）3。

Lb4A3052　熔体的反时限特性是指（A）。

（A）过电流越大，熔断时间越短；（B）过电流越大，熔断时间越长；（C）熔断时间不受过电流时间大小影响；（D）熔断时间与电流大小有联系，但没正反关系。

Lb4A3053　一台公用配电变压器的电气设备接地应（A）。

（A）采用保护接地；（B）采用保护接零；（C）不接地、不接零；（D）同时采用保护接地和保护接零。

Lb4A3054　Ⅰ类计量装置配用的有功电能表准确级是（B）。

（A）0.2 级；（B）0.5 级；（C）1.0 级；（D）2.0 级。

Lb4A3055　月平均用电量 10 万 kWh 及以上的高压计费用户应装设（B）计量装置。

（A）Ⅰ类；（B）Ⅱ类；（C）Ⅲ类；（D）Ⅳ类。

Lb4A3056　将被保护设备与相关的电气设备及金属物体的接地相互连接为一体的防雷保护措施称为（B）。

（A）屏蔽；（B）均压；（C）拦截；（D）分流。

Lb4A3057　熔断器保护的选择性要求后级的被保护对象发生短路时，（B）。

（A）前级应先熔断；（B）后级应先熔断；（C）前后级应同时熔断；（D）前后任一级先熔断均可。

Lb4A3058　下列关于铁壳开关的描述中正确的是（A）。

（A）在开关合上时打不开壳盖，壳盖打开时合不上开关；（B）在开关合上时打不开壳盖，壳盖打开时能合上开关；（C）在开关合上时能打开壳盖，壳盖打开时能合上开关；（D）在开关合上时能打开壳盖，壳盖打开时合不上开关。

Lb4A3059 **屋外接地体引下线若采用圆钢，其直径小尺寸为（C）mm。**

（A）4；（B）6；（C）8；（D）10。

Lb4A3060 **在守候状态下，双向终端的消耗功率应不大于（C）VA。**

（A）10；（B）15；（C）20；（D）25。

Lb4A4061 **在（A）～（D）设备中，应考虑系统短路电流产生的动、热稳定效应的是（B）。**

（A）电压互感器；（B）电流互感器；（C）电容器；（D）避雷器。

Lb4A4062 **为提高无线电力负荷控制系统的可靠性和抗干扰能力，可采取（B）的措施。**

（A）降低传输速度，减少信号重发次数；（B）降低传输速度，增加信号重发次数；（C）提高传输速度，增加信号重发次数；（D）提高传输速度，减少信号重发次数。

Lb4A4063 **（A）～（D）关于传输规则的描述，正确的是（C）。**

（A）通信任务按照排序，进行任务等待；（B）终端接收到请求帧，若无所要求的数据，要发1个确认帧；（C）终端正确收到主站的命令，但终端无法响应主站要求时，终端向主站发1个否认帧；（D）终端收到主站传送的无差错命令时，终端不再发送帧。

Lb4A5064 **电磁式电压互感器在运行中发生谐振，谐振电**

流含有基波、三次谐波时，在低频高电压作用下的励磁电流比工频高电压、高频高电压情况下的励磁电流会（C）。

（A）更小；（B）不变；（C）更大；（D）不确定。

Lb3A1065　RAM 指（B）。

（A）微处理器；（B）读写存储器；（C）只读存储器；（D）输入/输出口。

Lb3A1066　图 A-2 是（C）的逻辑符号。

（A）与非门；（B）或非门；（C）异或门；（D）与或非门。

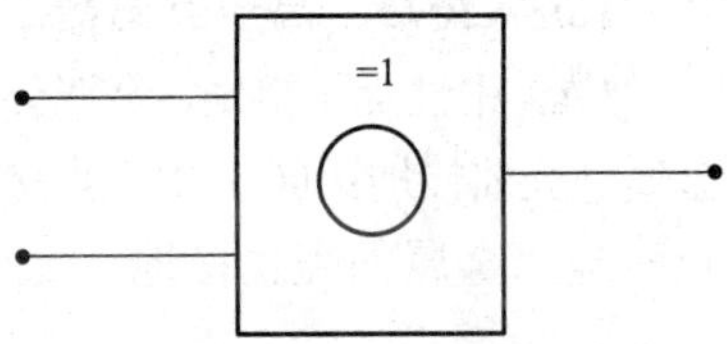

图 A-2

Lb3A1067　运行维护人员在接到电力负荷控制装置发现异常的通知后，市区范围内应在（B）h 之内到达现场。

（A）24；（B）48；（C）72；（D）96。

Lb3A1068　FSK 调制方式中，数据信息是通过（D）来传递的。

（A）幅度变化；（B）波形位移；（C）相位变化；（D）频率变换。

Lb3A2069　某仪表准确度等级是 0.5 级，指的是（D）。

（A）绝对误差最大超过 0.5；（B）相对误差最大超过 0.5；（C）绝对误差最大不超过 0.5%；（D）相对误差最大不超过 0.5%。

Lb3A2070　实现将数字量转换成模拟量的电路叫数模转移器，用（B）表示。

（A）ADC；（B）DAC；（C）ACD；（D）DCA。

Lb3A2071　中央处理器是（B）的总称。

（A）运算器和存储器；（B）运算器和控制器；（C）控制器和寄存器；（D）寄存器和存储器。

Lb3A2072　保护接地装置的接地电阻不宜超过（A）Ω。

（A）4；（B）5；（C）10；（D）30。

Lb3A2073　高压互感器二次侧Y接线，（D）。

（A）中性点不接地，金属外壳也不接地；（B）中性点不接地，金属外壳要接地；（C）中性点接地，金属外壳不接地；（D）中性点接地，金属外壳也接地。

Lb3A2074　在三相三线制电路中，其负载不对称，要测量三相功率，至少要用（B）块功率表。

（A）1；（B）2；（C）3；（D）4。

Lb3A3075　记录在磁盘上的一组相关信息的集合，称为（B）。

（A）外存储器；（B）文件；（C）数字；（D）内存储器。

Lb3A3076　触电时影响人体伤害程度的最主要因素是（A）。

（A）电流值；（B）电流通过人体的持续时间；（C）电流通过人体的路径；（D）人体的健康状况。

Lb3A3077　为了提高磁电式机构测量交流电的准确性和灵敏度，加装的整流电路应选用（C）整流电路。

（A）半波；（B）全波；（C）桥式；（D）（A）～（C）均可。

Lb3A3078　失压脱扣器线圈应与开关的（D）。

(A) 常开辅助接点并接；(B) 常开辅助点串接；(C) 常闭辅助点并接；(D) 常闭辅助点串接。

Lb3A3079　低压带电部分至接地部分间隙不少于（B）mm。

(A) 10；(B) 20；(C) 30；(D) 50。

Lb3A3080　安装在用户处的35kV以上计费用电压互感器二次回路，（B）。

(A) 不可装设隔离开关辅助触点，不可装熔断器；(B) 不可装设隔离开关辅助触点，可装设熔断器；(C) 可装设隔离开关辅助触点，不可装熔断器；(D) 可装设隔离开关辅助触点，可装熔断器。

Lb3A3081　低压带电作业时，（A）。

(A) 既要戴绝缘手套，又要有人监护；(B) 戴有绝缘手套，不要有人监护；(C) 有人监护不必戴绝缘手套；(D) 不戴绝缘手套，也不要人监护。

Lb3A3082　终端内额定电压为220V的裸露的带电部分对地和对其他带电部分之间，以及出线端子螺钉对金属盖板之间的空气间隙和爬电距离分别不应小于（A）mm。

(A) 3，3；(B) 3，4；(C) 4，3；(D) 4，4。

Lb3A3083　无线电波的传播距离主要决定于（C）。

(A) 工作效率；(B) 接收天线的形式；(C) 场强大小；(D) 发射天线的形式。

Lb3A3084　按照规定，无线电力负荷控制双向终端现场巡视周期及检验周期分别是（C）。

(A) 1个月和1年；(B) 3个月和1年；(C) 1个月和3

年；（D）3 个月和 3 年。

Lb3A3085　直接耦合放大器的级数越高，（A）。

（A）放大倍数越大，零点漂移越严重；（B）放大倍数越大，零点漂移越轻；（C）放大倍数越小，零点漂移越轻；（D）放大倍数越小，零点漂移越严重。

Lb3A4086　谐振电路的品质因数 *Q* 值越高，则（B）。

（A）越频能力越强，通频带越宽；（B）越频能力越强，通频带越窄；（C）越频能力越弱，通频带越宽；（D）越频能力越弱，通频带越窄。

Lb3A4087　电流串联负反馈电路使放大器的（A）。

（A）输入电阻增加，输出电阻也增加；（B）输入电阻增加，输出电阻减少；（C）输入电阻减少，输出电阻增加；（D）输入电阻减少，输出电阻也不变。

Lb3A4088　在晶体管电路中，为了利用 RC 相移网络倒 180°，至少要用（C）节 RC 相移网络。

（A）1；（B）2；（C）3；（D）4。

Lb3A4089　测量电气设备导电回路的直流电阻最准确的方法是（B）。

（A）电桥法；（B）电压降法；（C）欧姆计法；（D）三种方法一样。

Lb3A4090　通过采用冗余配置，自动检出故障，自动复置等措施，可提高设备的（B）。

（A）可靠性；（B）可用率；（C）可维修性；（D）安全性。

Lb3A4091　使终端易于检测和处理故障、组件具有互换性以及能及时换用备件，可提高设备的（C）。

（A）可靠性；（B）可用率；（C）可维修性；（D）安全性。

Lb3A4092　当三相短路电流流过垂直排列的母线时，母线承受的电动力（B）。

（A）上边相最大；（B）中间相最大；（C）下边相最大；（D）三相一样大。

Lb3A4093　三相三线两元件电能表，若抽去中相电压时（C）。

（A）不受影响；（B）几乎停走；（C）约走慢一半；（D）约走快一半。

Lb3A5094　甲类功率放大器集电极损耗，（B）。

（A）无信号输入时大，有信号输入时小，且信号愈大，损耗愈大；（B）无信号输入时大，有信号输入时小，且信号愈大，损耗愈小；（C）无信号输入时小，有信号输入时大，且信号愈大，损耗愈小；（D）无信号输入时小，有信号输入时大，且信号愈大，损耗愈大。

Lb3A5095　乙类功率放大器易产生交越失真，这主要是（B）造成的。

（A）变压器耦合；（B）三极管非线性；（C）所带负载；（D）管耗。

Lb3A5096　为解决提高效率和减少静态功耗引起失真的矛盾，通常采用（D）功率放大器。

（A）甲类；（B）乙类；（C）甲乙类；（D）推挽。

Lb3A5097 运算放大器是一种具有(B)直接耦合放大器。

(A)高放大倍数，深度正反馈；(B)高放大倍数，深度负反馈；(C)低放大倍数，深度正负馈；(D)低放大倍数，深度正反馈。

Lb3A5098 电磁型操作机构跳闸线圈可靠动作电压应不低于额定电压的(B)。

(A)55%；(B)65%；(C)75%；(D)80%。

Lb2A1099 局域网络结构分(C)层。

(A)5；(B)6；(C)7；(D)8。

Lb2A1100 对设备的保养应贯彻(A)的方针。

(A)预防为主；(B)维护为主；(C)修理为主；(D)检查为主。

Lb2A2101 信噪比的表示方式是(A)。

(A)S/N；(B)D/U；(C)NF；(D)C/N。

Lb2A2102 根据拓扑结构的不同，计算机网络一般可分为(C)。

(A)对等式、专用服务器和主从式三种结构；(B)令牌网、以太网；(C)总线型、星形和环形三种结构；(D)局域网、广域网、城域网。

Lb2A2103 在低压带电作业时，要搭接或断开导线，应遵循(B)。

(A)断开时先断相线，搭接时先接相线；(B)断开时先断相线，搭接时先接地线；(C)断开时先断地线，搭接时先接地线；(D)断开时先断地线，搭接时先接相线。

Lb2A2104　规约帧的传输格式是（D）。

（A）11 位同步传输；（B）8 位同步传输；（C）异步传输、高位先发；（D）异步传输、低位先发。

Lb2A3105　调制频偏是指已调信号瞬时频率与（B）之差值。

（A）信号中心频率；（B）信号标称频率；（C）调制源的标称频率；（D）载频平均最大频率。

Lb2A3106　无线电力负荷控制的电波信号主要依赖（C）传播。

（A）天波；（B）地波；（C）直射波；（D）绕射波。

Lb2A3107　执行 STORE CTOD（'07/01/99'）TOA，变量 A 的类型为（A）。

（A）日期型；（B）字符型；（C）逻辑型；（D）数值型。

Lb2A3108　5 类双绞线是目前网络布线的主流，其最高传输频率是（B）Mbit/s。

（A）20；（B）100；（C）125；（D）200。

Lb2A3109　RS–485 接口是（C）通信接口。

（A）双工串行；（B）双工并行；（C）半双工串行；（D）半双工并行。

Lb2A3110　RS–485 接口采用的是（C）。

（A）单端驱动差分接收方式；（B）单端驱动非差分接收方式；（C）平衡驱动差分接收方式；（D）平衡驱动非差分接收方式。

Lb2A3111 无线频道间隔为 25kHz 的负控系统，其最大允许频偏为（D）kHz。

（A）±2；（B）±3；（C）±4；（D）±5。

Lb2A3112 载波信号在配电网中的传输，由于（D），必然会产生反射波。

（A）阻抗的存在；（B）分支线多；（C）变压器的影响；（D）阻抗的不匹配。

Lb2A3113 在计算线路电压损失公式$\Delta U=\frac{PR+QX}{U_n}$中，$QX$项前的符号是（A）。

（A）感性负荷时为正，容性负荷为负；（B）感性、容性负荷均取正；（C）感性负荷时为负，容性负荷为正；（D）感性、容性负荷均取负。

Lb2A3114 当数传电台处于正常状态下（即终端未接到主台命令，也未向主台发数据的状态），（B）。

（A）发射机、接收机均处于等待状态；（B）发射机处于等待状态，接收机处于接收状态；（C）发射机处于发射状态，接收机处于等待状态；（D）发射机处于发射状态，接收机处于接收状态。

Lb2A3115 按 GB 288—1982《计算机场地技术要求》的规定，直流接地电阻和防雷保护接地电阻最小值分别为（B）Ω。

（A）4，4；（B）4，10；（C）10，4；（D）10，10。

Lb2A3116 系统处于静态状态下，若主站电台 CD、RD 灯常亮或常闪烁，故障不会是（A）。

（A）主站电台常发；（B）终端有常发；（C）有同频干扰源；（D）电台静噪电路有开启。

Lb2A3117　场强是指接收天线上的无线电波的能量密度，场强的大小与（C）有关。

（A）工作频率；（B）接收天线的极化方式；（C）发射天线的辐射功率；（D）接收天线的形式。

Lb2A4118　按照数据模型，Foxpro 是（B）。

（A）层次型数据库管理系统；（B）关系型数据库管理系统；（C）网状型数据库管理系统；（D）混合型数据库管理系统。

Lb2A4119　当过电压继电器电压大于动作值时，衔铁被吸持（A），继电器动作。

（A）动合触点闭合；（B）动合触点断开；（C）动断触点闭合；（D）动断触点断开。

Lb2A4120　在定义数据库结构时，一般对每个字段需要说明（C）。

（A）记录名、类型、宽度和小数位数；（B）记录、操作和存储；（C）字段名、类型、宽度和小数位数；（D）关系、元组和属性。

Lb2A5121　邻道辐射功率是指发信机在额定调制状态下，总输出功率落在邻道频率接收带宽内的功率电平，一般要求它比载波功率电平低（C）dB 以上。

（A）50；（B）60；（C）70；（D）80。

Lb2A5122　在无线电力负荷控制系统中，采用纠错技术，不会（D）。

(A)改善信道的通信质量;(B)抵御无线电通信中突发干扰;(C)提高数据传输效率;(D)影响系统的实时性。

Lb2A5123　负荷控制终端中,主板送入调制解调器的信号有(B)。

(A)数据信号、载波检测信号(CD);(B)数据信号、数据准备发送信号(RTS);(C)CD 信号、RTS 信号;(D)数据信号、CD 信号及 RTS 信号。

Lb2A5124　在双向负控终端中,调制解调器的作用是将信号与话音分离,并将信号(B)。

(A)按规定的频率发送和接收;(B)按规定的副载频调制和解调;(C)按规定的接口电平和调解;(D)按规定的传输协议发送和接收。

Lb1A2125　电压互感器二次回路(B)。

(A)不可断路,可短路;(B)不能短路,可开路;(C)既能断路,又能短路;(D)既不能断路,又不能短路。

Lb1A2126　电流互感器二次回路(A)。

(A)不能开路,可短路;(B)不能短路,可开路;(C)既不能开路,也不能短路;(D)既能开路,又能短路。

Lb1A3127　耦合电容器与结合滤波器相连处应装设(D)。

(A)熔断器;(B)单极隔离开关;(C)断路器;(D)接地开关。

Lb1A3128　无线电力负荷控制系统容量与(C)有关。

(A)数据传输速度;(B)数据信息量;(C)地址码长度;(D)信道数。

Lb1A4129 **剪贴板是（A）中一块临时存放交换信息的区域。**

（A）RAM；（B）ROM；（C）硬盘；（D）应用程序。

Lb1A5130 **在数据通信电台的发射开启的时间内，静噪开启时间对传输信码的影响，可通过（D）来解决。**

（A）选择调制方式；（B）调制频偏；（C）加快信号传输速率；（D）加长信号中等待字头。

Lb1A5131 **负荷控制终端线性电源调整范围受（D）的限制。**

（A）负载大小；（B）变压器变化；（C）调整管耐压；（D）调整管功耗。

Lb1A3132 **气候环境条件分类 C2 的温度范围是（B）℃。**

（A）–5～+45；（B）–25～+55；（C）–40～+70；（D）–15～+55。

Lb1A3133 **主站应有互为备用的两路电源供电，必须配备足够容量的（D），保证主站设备的不间断工作。**

（A）直流电源；（B）蓄电池；（C）稳压电源；（D）UPS 电源。

Lb1A3134 **电力行业标准《多功能电能表》的标准号是（C）。**

（A）DL/T 128；（B）DL/T 645；（C）DL/T 614；（D）DL/T 718。

Lb1A3135 **电力行业标准《多功能电能表通信协议》的颁布日期是（D）年。**

（A）1997；（B）2005；（C）2006；（D）2007。

Lb1A3136 在守候状态下（不与主站通信的状态），终端的消耗功率应不大于（**D**）**VA**。

（A）10；（B）25；（C）15；（D）20。

Lb1A3137 电能量定值闭环控制简称（**C**）。

（A）功控；（B）购电控；（C）电控；（D）催费告警。

Lb1A3138 功率定值闭环控制简称（**A**）。

（A）功控；（B）购电控；（C）电控；（D）厂休控。

Lb1A3139 遥控正确率是指主站发送遥控命令后，终端输出（**A**）的正确率。

（A）继电器动作；（B）信号；（C）开关；（D）电流。

Lb1A3140 定值控制终端是指执行定值控制（功控或电控投入、解除等）命令功能的（**A**）控制终端。

（A）当地闭环；（B）当地开环；（C）远程闭环；（D）远程开环。

Lb1A3141 国家标准《电力负荷管理系统技术规范》由（**B**）提出。

（A）电科院；（B）中电联；（C）发改委；（D）技术监督局。

Lb1A3142 无线负荷专网的频点是（**B**）。

（A）470MHz；（B）230MHz；（C）510MHz；（D）2.4GHz。

Lb1A3143 多功能电能表由测量单元和数据处理单元等

组成，除计量有功（无功）电能量外，还具有分时、（**B**）等两种以上功能，并能显示、储存和输出数据的电能表。

（A）测量谐波；（B）测量需量；（C）测量铜损；（D）负荷曲线。

Lb1A3144 电能量定值闭环控制可分为（**C**）、购电能量（费）控制、催费告警三种控制类型。

（A）日电能量控制；（B）年电能量控制；（C）月电能量控制；（D）时段功控。

Lb1A3145 功率定值闭环控制根据控制参数不同分为时段控、厂休控、营业报停控和（**D**）等控制类型。

（A）购电控；（B）遥控；（C）无功补偿；（D）当前功率下浮控。

Lb1A3146 采用**230MHz**专用信道的终端应设长发限制，长发限制时间可以设置为（**A**）。

（A）1～2min；（B）3～4min；（C）5～6min；（D）0.5s～1min。

Lb1A3147 终端应至少配置（**D**）路开/合双位置状态及其他二进制状态信息。输入为不带电的开/合切换触点。

（A）1；（B）3；（C）4；（D）2。

Lb1A3148 控制输出回路应有至少**2**路开/合（**C**）控制，出口回路应有防误动作和便于现场测试的安全措施。

（A）单位置；（B）三位置；（C）双位置；（D）四位置。

Lb1A3149 直流电压模拟量输入标称值宜选用（**A**）**V**。

（A）0～5；（B）0～10；（C）0～20；（D）4～20。

Lb1A3150 直流电流模拟量输入标称值宜选用（**A**）**mA**。

（A）0～5；（B）0～10；（C）0～20；（D）4～20。

Lb1A3151 控制输出回路触点通、断额定电流寿命不少于（**B**）次。

（A）102；（B）105；（C）104；（D）103。

Lb1A3152 控制输出回路触点额定功率为交流 **250V**、（**B**）**A**。

（A）2；（B）5；（C）10；（D）4。

Lb1A3153 终端的可靠性指标是平均无故障工作时间（**MTBF**），规定 **MTBF**≥（**B**）。

（A）1×10^4h；（B）2×10^4h；（C）3×10^4h；（D）4×10^4h。

Lb1A3154 保护接地端子应标以图形符号或字母（**C**）。

（A）G；（B）GND；（C）PE；（D）D。

Lb1A3155 （**C**）是电流互感器的英文缩写。

（A）TV；（B）A；（C）TA；（D）VA。

Lb1A3156 壁挂式终端外壳的防护性能应符合 **GB/T 4208** 规定的（**D**）级要求，即防尘和防滴水。

（A）IP43；（B）IP53；（C）IP41；（D）IP51。

Lb1A3157 气候影响试验由以下（**D**）部分组成。

（A）高温试验；（B）低温试验；（C）湿热试验；（D）高温试验、低温试验、湿热试验。

Lb1A3158 绝缘性能试验由以下（**D**）部分组成。

（A）绝缘电阻试验；（B）绝缘强度试验；（C）冲击耐压试验；（D）绝缘电阻试验、绝缘强度试验、冲击耐压试验。

Lb1A3159　在终端（C）状态情况下，用1.0级精度的交流伏特表和安培表测电源回路的电流值（A）和电压值（V），其乘积数（VA）即为消耗功率。

（A）上电；（B）下电；（C）守候；（D）运行。

Lb1A3160　电力负荷管理系统与（B）互联实现双向数据交换功能。

（A）领导决策系统；（B）营销系统；（C）SCADA 系统；（D）95598 系统。

Lb1A3161　数据合理性检查和分析即是（B）。

（A）数据过滤；（B）数据检查；（C）数据管理；（D）数据过滤、数据检查和数据管理。

Lb1A3162　系统将采集到的客户电能量信息、负荷控制状况等提供给（A），以备客户查询。

（A）电力客户服务系统；（B）营销系统；（C）SCADA 系统；（D）领导决策系统。

Lb1A3163　终端与电能表的数据通信规约应符合（A）标准。

（A）DL/T 645；（B）DL/T 614；（C）DL/T 698；（D）DL/T 719。

Lb1A3164　（D）不属于无线公网信道。

（A）GPRS；（B）CDMA；（C）GSM；（D）230M 无线信道。

Lb1A3165　电能表有功脉冲常数单位是（C）。

（A）Wh；（B）imp/kvarh；（C）imp/kWh；（D）Ws。

Lb1A3166　假设电能表常数 1200imp/kWh，如果该电能表脉冲指示灯闪烁 180 次，则对应的电量为（C）kWh。

（A）0.16；（B）0.18；（C）0.15；（D）0.20。

Lb1A3167　三相电能计量的接线方式中，A、B、C 接线为正相序，那么（C）就为逆相序。

（A）C、A、B；（B）B、C、A；（C）B、A、C；（D）均不是。

Lb1A3168　电子式电能表 EMC 试验又叫（D）。

（A）耐压试验；（B）通信功能试验；（C）电气性能试验；（D）电磁兼容试验。

Lb1A3169　在 RL 串联电路中，已知电阻上的电压降是 200V，电感上的压降是 150V，则外电路的电压是（C）V。

（A）350；（B）50；（C）250；（D）220。

Lb1A3170　带电作业时人身体与带电体的安全距离（35kV 电压等级）为（B）m。

（A）0.4；（B）0.6；（C）0.7；（D）1.0。

Lb1A3171　对一些非电气量监测点（如温度、压力等），经变换器转换成（D），终端可实时采集这些模拟量（选项），并记入内存。

（A）开关量；（B）数字量；（C）交流模拟量；（D）直流模拟量。

Lb1A3172　FSK 代表一种（**B**）。

（A）调制速率；（B）调制方式；（C）比特速率；（D）特征频率。

Lb1A3173　终端应实时采集位置状态和其他状态信息，发生（**B**）时应记入内存。

（A）高电平；（B）变位；（C）低电平；（D）高电平、变位和低电平。

Lb1A3174　通过（**D**）通信接口终端应能按设定的终端抄表日或定时采集时间间隔采集、存储电能表数据。

（A）串口；（B）RS–422；（C）RS–232；（D）RS–485。

Lb1A3175　具有电压合格率统计功能的终端，其电压采样周期每秒至少（**A**）次，测量误差等级 0.5。

（A）1；（B）2；（C）3；（D）4。

Lb1A3176　终端按设置的电压、电流谐波限值对监测点的电压谐波、电流谐波进行分析，记录分相 **2**～（**C**）次谐波电压含有率及总畸变率日最大值及发生时间。

（A）17；（B）18；（C）19；（D）20。

Lb1A3177　模数转换器的英文缩写是（**A**）。

（A）ADC；（B）DAC；（C）DSP；（D）CPU。

Lb1A3178　多功能电能表 **RS–485** 接口规定的通信速率是（**C**）**bit/s**。

（A）600；（B）2400；（C）1200；（D）9600。

Lb1A3179　振动试验属于（**A**）的一种。

（A）结构和机械试验；（B）气候影响试验；（C）绝缘性能试验；（D）电源影响试验。

Lb1A3180　间隙和爬电距离试验属于（A）的一种。

（A）结构和机械试验；（B）气候影响试验；（C）绝缘性能试验；（D）电源影响试验。

Lb1A3181　电压暂降和短时中断试验属于（B）的一种。

（A）结构和机械试验；（B）电磁兼容试验；（C）绝缘性能试验；（D）电源影响试验。

Lb1A3182　多功能电能表除了RS–485接口外，还必备有（C）。

（A）RS–232 接口；（B）USB 接口；（C）红外接口；（D）RS–422 接口。

Lb1A3183　无功补偿控制的过程如下：参数设置时，主站根据监控点的电压等级向终端下发电压和（B）的限值、延迟时间、间隔时间。

（A）有功功率；（B）功率因数；（C）无功功率；（D）视在功率。

Lb1A3184　功率定值闭环控制根据控制参数不同分为时段控、厂休控、营业报停控和当前功率下浮控等控制类型，四种功率控制类型的优先级由低到高是（A）。

（A）时段控、厂休控、营业报停控、当前功率下浮控；（B）厂休控、营业报停控、当前功率下浮控、时段控；（C）时段控、营业报停控、厂休控、当前功率下浮控；（D）时段控、厂休控、当前功率下浮控、营业报停控。

Lb1A3185　数模转换器的英文缩写是（B）。

（A）ADC；（B）DAC；（C）DSP；（D）CPU。

Lb1A3186 电快速瞬变脉冲群抗扰性试验属于（**B**）的一种。

（A）结构和机械试验；（B）电磁兼容试验；（C）绝缘性能试验；（D）电源影响试验。

Lb1A3187 计算机网络建立的主要目的是实现计算机资源的共享。计算机资源主要指计算机（**C**）。

（A）软件与数据库；（B）服务器、工作站与软件；（C）硬件、软件与数据；（D）通信子网与资源子网。

Lb1A3188 分布式系统与计算机网络的主要区别不在它们的物理结构上，而是在（**B**）。

（A）服务器软件；（B）高层软件；（C）路由器硬件；（D）通信子网。

Lb1A3189 在点-点式网络中，每条物理线路连接一对计算机。假如两台计算机之间没有直接连接的线路，那么它们之间的分组传输就是通过中间结点的（**A**）。

（A）转发；（B）广播；（C）接入；（D）共享。

Lb1A3190 按覆盖的地理范围进行分类，计算机网络可以分为三类（**D**）。

（A）局域网、广域网与X.25网；（B）局域网、广域网与宽带网；（C）局域网、广域网与ATM网；（D）局域网、广域网与城域网。

Lb1A3191 数据传输速率在数值上，等于每秒钟传输构成数据代码的二进制比特数，它的单位为比特/秒，通常记做（**B**）。

（A）B/s；（B）bit/s；（C）bpers；（D）baud。

Lb1A3192　计算机网络是由多个互连的结点组成的，结点之间要做到有条不紊地交换数据，每个结点都必须遵守一些事先约定好的规则。这些规则、约定与标准被称为网络协议（Protocol）。网络协议主要由以下三个要素组成（C）。

（A）语义、语法与体系结构；（B）硬件、软件与数据；（C）语义、语法与时序；（D）体系结构、层次与语法。

Lb1A3193　决定局域网特性的主要技术要素是：网络拓扑、传输介质与（C）。

（A）数据库软件；（B）服务器软件；（C）体系结构；（D）介质访问控制方法。

Lb1A3194　IEEE802.3 标准，定义了 CSMA/CD 总线介质访问控制子层与（D）。

（A）服务器软件；（B）路由器协议；（C）物理层规范；（D）通信软件结构。

Lb1A3195　I 快速以太网 Fast Ethernet 的数据传输速率为（B）。

（A）10Mbit/s；（B）100Mbit/s；（C）1Gbit/s；（D）10Gbit/s。

Lb1A3196　某客户变电室因工作停电，恢复运行后，终端显示的功率值和电流值均为实际负荷的一半，其原因可能是（C）。

（A）TV 电压失相；（B）电压互感器更换，二次 TV 变比增大一倍；（C）电流互感器更换，二次 TA 变比增大一倍；（D）电流互感器更换，二次 TV 变比减小一倍。

Lb1A3197　TA 电流测量回路中（A）。

（A）不能开路；（B）不能短路；（C）不能接地；（D）以上均不是。

Lb1A3198　测量回路电流时，要求电流表内阻越（B）。

（A）越大越好；（B）越小越好；（C）与内阻无关；（D）与负载导纳匹配。

Lb1A3199　测量回路电压时，要求电压表内阻（A）。

（A）越大越好；（B）越小越好；（C）与内阻无关；（D）与负载阻抗匹配。

Lb1A3200　用电压表测得的交流电压是（B）。

（A）最大值；（B）有效值；（C）平均值；（D）瞬时值。

Lb1A3201　由测量仪表，继电器，控制及信号器等设备连接成的回路称为（B）。

（A）一次回路；（B）二次回路；（C）仪表回路；（D）远动回路。

Lb1A3202　串行通信接口中常用的符号 TXD 表示（B）。

（A）接收数据信号；（B）发送数据信号；（C）接地信号；（D）同步信号。

Lb1A3203　串行通信接口中常用的符号 RXD 表示（A）。

（A）接收数据信号；（B）发送数据信号；（C）接地信号；（D）同步信号。

Lb1A3204　如果信息发送速率为 600bit/s，表示 1s 发送 600 个（B）。

（A）字节；（B）二进制码元；（C）字；（D）数据包。

Lb1A3205 RS–232C 标准允许的最大传输速率为（A）。

（A）20kbit/s；（B）512kbit/s；（C）300kbit/s；（D）9600bit/s。

Lb1A3206 十进制数 215 转化为二进制数是（D）。

（A）11001101；（B）10011111；（C）10010001；（D）11010111。

Lb1A3207 将二进制数 11011011 转化成十进制数应为（C）。

（A）221；（B）229；（C）219；（D）239。

Lb1A3208 下列（C）属于二次设备。

（A）断路器；（B）电流互感器；（C）计量装置；（D）变压器。

Lb1A3209 电功率的大小与（A）无关。

（A）时间；（B）电压；（C）电流；（D）相位。

Lb1A3210 对于 220kV 电压等级的某一条高压线路，其线路 CT 变比为 1200/5，则该线路的额定功率为（B）kW。

（A）3×220×1200；（B）1.732×220×1200；（C）2×220×1200；（D）1.414×220×1200。

Lb1A3211 奇偶校验是对（A）的奇偶性进行校验。

（A）数字位；（B）数据块；（C）信息字；（D）字符。

Lb1A3212 GPS 是（A）的简称。

（A）全球定位系统；（B）手机卡；（C）全球信息系统；（D）地理管理系统。

Lb1A3213　RS–485 标准采用（**C**）方式数据收发器来驱动总线。

（A）非平衡式发送，差分式接收；（B）平衡式发送，非差分式接收；（C）平衡式发送，差分式接收；（D）以上均不是。

Lb1A3214　某客户计量电能表当一相电压熔丝熔断时，电能表所计量的数值是正常的（**C**）。

（A）0；（B）1/2；（C）1/3；（D）1/4。

Lb1A3215　某客户计量电能表当两相电压熔丝熔断时，电能表所计量的数值是正常的（**A**）。

（A）0；（B）1/2；（C）1/3；（D）1/4。

Lc4A1216　因供电设施临时检修需要停止供电时，供电企业应当提前（**D**）天通知重要用户。

（A）7；（B）3；（C）2；（D）1。

Lc4A1217　弯曲的细长线材，一般采用（**B**）矫直。

（A）扭转法；（B）伸张法；（C）延展法；（D）（A）～（C）三种均可。

Lc4A2218　对擅自迁移、更动或操作电力负荷控制装置的用户，供电企业（**C**）。

（A）可立即停止供电；（B）对情节严重的可立即停止供电；（C）对情节严重的可按规定程序停止供电；（D）即使情节严重，也不能停止供电。

Lc4A2219　产权属电力企业的负荷控制装置在运行过程中，因值班电工操作不当造成用户损失的，由（**B**）承担赔偿责任。

（A）供电企业；（B）值班电工；（C）双方共同；（D）双方均不。

Lc3A1220 **交流电路中常用 *P*、*Q*、*S* 表示有功功率、无功功率、视在功率，而功率因数是指（D）。**

（A）*Q*/*P*；（B）*Q*/*S*；（C）*P*/*Q*；（D）*P*/*S*。

Lc3A1221 **高压供电的工业用户，其功率因数应为（C）以上。**

（A）0.8；（B）0.85；（C）0.9；（D）0.95。

Lc3A1222 **按规定 10kV 供电的用户，用户受电端允许电压变动幅值为（B）。**

（A）±5%；（B）±7%；（C）+5%，－10%；（D）+7%，－10%。

Lc3A3223 **功率因数反映的是电源的（A）。**

（A）利用程度；（B）可用程度；（C）可靠程度；（D）供电能力。

Lc3A3224 **质量管理标准分为（B）标准、管理标准和工作标准三类。**

（A）质量；（B）技术；（C）检验；（D）制度。

Lc2A3225 **按照工作许可制度规定，在工作中要变更安全措施需经过（C）同意。**

（A）工作负责人；（B）工作许可人；（C）工作负责人和工作许可人；（D）工作人员和工作许可人。

Lc2A3226 **在不影响高压设备的低压电气设备上工作，应**

（C）。

（A）填用第一种或第二种工作票；（B）填用第一种工作票或按命令执行；（C）填用第二种工作票或抢修票；（D）用第一种或第二种工作票，或者按命令执行。

Lc2A4227　（A）～（D）不属于电网低频运行造成的是（A）。

（A）电厂机组突然甩负荷运行；（B）电时钟减慢；（C）电厂出力下降；（D）汽轮机叶片振动加大。

Lc2A4228　电源 A、B、C 加于电感式相序指示器相应的端钮时左灯亮右灯暗，相序正确为正相序。若将电源 B、C、A 相加于该相序指示器 A、B、C 端钮时应（A）。

（A）左灯亮右灯暗；（B）左灯暗右灯亮；（C）两灯均亮；（D）两灯均暗。

Lc2A5229　零序载波传输技术最大优点是（D）。

（A）控制信号能在各级电网中传输；（B）信号易通过变压器；（C）适用于各种接地系统；（D）载波信号不易被配网中的设备吸收。

Lc1A2230　某施工人员，发现他人违章作业时，应该（A）。

（A）当即予以制止；（B）报工作负责人予以制止；（C）报工作许可人予以制止；（D）报工作监护人予以制止。

Lc1A2231　挂临时接地线的目的，是为了防止工作地点突然来电及产生（B）造成工作触电。

（A）工频电压；（B）感应电压；（C）内部过电压；（D）外部过电压。

Lc1A2232 工程分项指标的制定和技术监督属于（**D**）管理。

（A）施工进度；（B）质量指标；（C）工程物资；（D）施工技术。

Lc1A3233 全面质量管理的特点就是管理（**C**）。

（A）检验；（B）执行；（C）因素；（D）结果。

Lc1A4234 由母线电容或变压器绕组电容与电磁式电压互感器引起谐振过电压的系统是（**A**）。

（A）中性点不接地系统；（B）中性点经消弧线圈接地系统；（C）中性点直接接地系统；（D）（A）～（C）系统。

Jd5A3235 普通万用表的交流档（**D**）。

（A）测量机构反映的是有效值，刻度也是正弦波的有效值；（B）测量机构反映的是有效值，刻度也是正弦波的平均值；（C）测量机构反映的是平均值，刻度也是正弦波的平均值；（D）测量机构反映的是平均值，刻度也是正弦波的有效值。

Jd4A2236 用静电电压表测量工频高压时，所测得的量为（**B**）。

（A）瞬时值；（B）有效值；（C）峰值；（D）平均值。

Jd4A5237 若在电动系功率表的电压线圈上加到**150V**直流电压，在电流线圈通过**50Hz**、**5A**的交流电流，则功率表的读数是（**A**）**W**。

（A）0；（B）150×5；（C）$\sqrt{2}\times150\times5$；（D）$\sqrt{3}\times150\times5$。

Jd1A2238 三只单相电压互感器接成**Yy0**接线（**A**）。

（A）只能测线电压和相电压，不能测相对地电压；（B）只能测线电压和相对地电压，不能测线电压；（C）只能测线电压和相对地电压，不能测相电压；（D）线电压、相电压、相对地电压均可测。

Jd1A3239　示波管阴极与栅极短路时，会出现（B）的现象。

（A）无光点；（B）亮度调节不起作用；（C）光点调节不起作用；（D）（A）～（C）三种现象均存在。

Je4A1240　通电后，由于电磁铁的吸合动作而使低压自动空气断路器跳闸的电气装置，称为（C）脱扣器。

（A）过流；（B）失压；（C）分励；（D）负压。

Je4A2241　面对设备正面，上下布置的母线相序排列是由下而上（D）。

（A）A、B、C 相排列；（B）A、C、B 相排列；（C）B、C、A 排列；（D）C、B、A 相排列。

Je4A3242　电能表的进出线，电压和电流互感器二次线应用铜芯线，其最小截面为（C）mm^2。

（A）1；（B）1.5；（C）2.5；（D）4。

Je4A5243　（B）是改善设备电场分布的措施。

（A）互感器加防雨帽；（B）变压器绕组上端加静电屏；（C）变压器加吸湿器；（D）绝缘子外绝缘增加爬距。

Je3A2244　某无线电力负荷控制系统通信失败，应考虑故障处理顺序是（D）。

（A）负控终端设备—中继设备—主站设备；（B）负控终端

设备—主站设备—中继设备；（C）中继设备—负控终端设备—主站设备；（D）主站设备—中继设备—负控终端设备。

Je3A3245　终端收到主站发来的信息，但主站收不到终端的信息，故障单元是终端的（C）。

（A）电源；（B）主控板；（C）发信机；（D）收信机。

Je3A3246　在主站实时召测数据中，发现某用户的数值异常，不可能是（D）。

（A）脉冲采集回路受到干扰；（B）倍率被错误设置；（C）终端数据采集单元故障；（D）收到别的用户数据。

Je3A3247　在开机状态下，与主控板或电台的连线（D）。

（A）只能拔不能插；（B）只能插不能拔；（C）能拔不能插；（D）既不能拔又不能插。

Je2A2248　在（C）方式的电力负荷控制设备的安装中会用到高频电缆。

（A）音频和载波；（B）音频和无线；（C）载波和无线；（D）音频、载波及无线。

Je2A4249　当开机后终端无任何指示灯亮时应检查（D）。

（A）220V 电源是否接好；（B）交流熔断器是否熔断；（C）稳压电源输出是否正常；（D）（A）～（C）三项。

Je1A2250　接地体的连接应采用（C）。

（A）金属丝绑扎连接；（B）螺栓连接；（C）搭接焊；（D）对接焊。

Je1A5251　三相变压器 Dy 接线，高压侧一相熔断器熔断，

则低压侧相电压指示为（C）。

（A）两相电压正常，一相为零；（B）两相电压降低，一相为零；（C）一相正常，两相电压降低；（D）两相电压升高，一相为零。

Jf4A3252　触电者触及低压带电设备，救护人员应（D）。

（A）断开电源开关或插头；（B）用一只手抓住触电者干燥的外衣，将其拖开；（C）用带有绝缘胶柄的钢丝钳、绝缘物体或干燥不导电物体等工具将触电者脱离电源；（D）（A）～（C）三种方法均可。

Jf3A5253　一个不能忽略电阻的线圈，与一个电容器串联，电路发生谐振，则线圈两端电压 U_L 和电容器两端电压 U_C 的关系是（C）

（A）$U_L < U_C$；（B）$U_L = U_C$；（C）$U_L > U_C$；（D）条件不够不能确定 U_L、U_C 大小关系。

4.1.2 判断题

判断下列描述是否正确，对的在括号内打“√”，错的在括号内打“×”。

La5B1001 几个不等值的电阻串联，每个电阻中流过的电流都相等。(√)

La5B1002 电压的方向是由低电位指向高电位，而电动势的方向是由高电位指向低电位。(×)

La5B1003 大小和方向都不随时间变化的电压及电流，叫直流电。(√)

La5B1004 交流电在 1s 内重复变化的周期数叫角速度。(×)

La5B1005 交流电的周期越长，它的频率就越高。(×)

La5B1006 单位时间内通过一段导体的电量为电流强度。(×)

La5B2007 配电盘上的电压及电流表指示的数值是最大值。(×)

La5B2008 运算放大器是一种高增益、高输入电阻、高输出电阻的放大器。(×)

La5B3009 在电路中，任意两点之间电压的大小与参考点的选择有关。(×)

La5B3010 单相桥式整流电路中，如果有一个二极管断路，则电路不起整流作用。(×)

La5B4011 电力生产过程是连续的，发电、输电、变电、配电和用电在同一瞬间完成。(√)

La5B4012 电能的质量是以频率、电压、可靠性和谐波来衡量的。(√)

La5B4013 电能属二次能源。(√)

La4B1014 叠加原理是非线性电路的一个重要定理。(×)

La4B1015 由机械能转变为直流电能的电机称为直流电动机。(×)

La4B1016 只要有电流存在，其周围必然有磁场。(√)

La4B1017 磁极不能单独存在，任何磁体都是同时具有 N 极和 S 极。(√)

La4B1018 自由电子在磁场力的作用下，产生定向的运动，就形成电流。(×)

La4B1019 用楞次定律可判定感应电势的大小和方向。(×)

La4B1020 在电力系统非正常状况下，供电频率允许偏差不应超过±0.5Hz。(×)

La4B2021 原子核外的各个电子与原子核的距离都是相同的。(×)

La4B2022 整流就是将直流电变为交流电。(×)

La4B2023 削峰填谷的目的是为了节约用电。(×)

La3B1024 在纯电感线路中，电流相位超前电压相位 90°。(×)

La3B1025 阻值不随外加电压或流过的电流而改变的电阻叫线性电阻。(√)

La3B1026 有功功率大于零，说明电源从负载吸收能量。(×)

La3B1027 电路发生谐振时，电路呈现电感性。(×)

La3B2028 R、L 串联电路与正弦电压接通后，在初始值一定的条件下，电路的过度过程与开关动作的时刻无关。(×)

La3B3029 直射波主要在频率较高的超短波和微波中采用。(√)

La3B3030 无线电波传送的距离与电波的传播路径无关。(×)

La2B2031 判断载流导体周围磁场的方向用左手定则。(×)

La1B1032 BCD 码为用二进制编码的十进制数，常用的 BCD 码为 8421BCD 码。（√）

La1B2033 磁力线的形状是一段曲线。（×）

La1B2034 自由空间传播不仅有扩散损耗的直线传播，而且还有反射、折射、绕射等现象。（×）

La1B2035 特斯拉（T）和高斯（G）之间的关系是 1T=103G。（×）

Lb5B1036 HK 型开关为铁壳开关。（×）

Lb5B1037 按结构的不同，无线电双向终端分为壁挂式和落地柜式两种。（√）

Lb5B1038 负荷控制系统中，所有终端都有一个硬件地址编码，简称终端地址。（√）

Lb5B1039 国家无线电管理委员会规定无线电力负荷控制系统使用 230MHz 为专用频率。（√）

Lb5B1040 为防止传导干扰，主控站机房供电电缆宜采用屏蔽电缆。（√）

Lb5B1041 电力负荷控制主要有分散控制器和集中控制器两大类。（√）

Lb5B1042 天线主要用于接收和发射信号，天线的好坏直接影响到系统的通信质量。（√）

Lb5B1043 在安装天线时，天线振子应尽量靠近墙。（×）

Lb5B1044 在双向终端的安装过程中，接电能表脉冲线时，应先接终端侧，再接电能表端。（×）

Lb5B1045 单相电能表接线时，相线与零线可对换接。（×）

Lb5B1046 有功电能表和无功电能表的电能计量单位分别为 kWh 和 kvarh。（√）

Lb5B1047 电力负荷控制系统的雷电防护措施大致分为屏蔽、均压、拦截和分流这几种办法。（√）

Lb5B1048 场强是指接收天线上的无线电波的能量密度，

其大小决定于发射天线的辐射功率及与天线的距离，距离增加，场强也随之增加。(×)

Lb5B1049 铝芯线易氧化，接头容易发热。(√)

Lb5B2050 母线的作用是汇集、分配和传送电能。(√)

Lb5B2051 变压器是利用电磁感应原理制成的一种变换电压的电器设备。(√)

Lb5B2052 变压器一、二次绕组的电流比，叫做变比。(×)

Lb5B2053 电能表是专门用来测量电能的一种表计。(√)

Lb5B2054 中性点直接接地系统用于110kV及以上电网。(√)

Lb5B2055 变换交流电流的互感器称为电压互感器。(×)

Lb5B2056 无火花间隙是氧化锌避雷器的主要特点之一。(√)

Lb5B2057 运行中的变压器有两部分损耗，即铜损和铁损。(√)

Lb5B2058 10kV及以上电压等级的电压互感器二次侧必须一点接地。(√)

Lb5B2059 变电站防护直击雷的措施是装设独立避雷针。(√)

Lb5B2060 CY3表示是液压型操动机构。(√)

Lb5B2061 变压器绕组的极性主要决定于绕组中通过电流的大小。(×)

Lb5B2062 交流电气设备铭牌上的额定电压和额定电流值指的都是的最大值。(×)

Lb5B2063 电力负荷控制系统数据传输规约定义了两种帧格式，即固定帧与可变帧，它们均采用相同的起始字符。(×)

Lb5B2064 指示仪表中电磁式机构的表盘刻度均匀。(×)

Lb5B2065 文件一旦被存放到“回收站”就被永久删除了。(×)

Lb5B3066 电气工作人员在10kV配电装置中工作，其活

动范围与带电设备的最小安全距离是 1m。(×)

Lb5B3067 高低压线路同杆架设时，高压应在低压上方。(√)

Lb5B3068 凡对地电压有 250V 及以下的电压，称为低压。(√)

Lb5B3069 工作票根据工作性质和工作范围的不同分为第一种工作票和第二种工作票。(√)

Lb5B3070 在发生人身触电事故时，必须经上级许可，才能断开有关设备的电源解救触电人。(×)

Lb5B3071 在高压设备上工作需要全部停电或部分停电者应填用第二种工作票。(×)

Lb5B3072 第一、二种工作票有的效时间，以一个有效工作日为限。(×)

Lb5B3073 电气工作人员在 10kV 配电装置上工作，其正常活动范围与带电设备的最小安全距离为 0.35m。(√)

Lb5B3074 电压互感器的一次侧隔离断开后，其二次回路应有防止电压反馈的措施。(√)

Lb5B3075 二次系统和照明等回路上的工作，无需将高压设备停电或做安全措施者，应填用第一种工作票。(×)

Lb5B3076 高处作业应使用安全带（绳），并挂在牢固的构件上，如避雷器、断路器、互感器等。(×)

Lb5B3077 高压设备发生接地故障时，室内不得接近故障点 4m 以内，室外不得接近故障点 8m 以内。(√)

Lb5B3078 进行口对口人工呼吸时，应每 5s 一次为宜。(√)

La5B3079 电容器不带电时，其电容值为零。(×)

La5B3080 三极管的电流放大作用应满足的条件是发射结反向偏置，集电结正向偏置。(×)

La5B3081 当 PN 结稳定以后，扩散运动和漂移运动也就完全停止了。(×)

La5B3082 当流过一个线性电阻元件的电流不论为何值时，它的端电压恒为零值，就称它为开路。（×）

Lb5B3083 熔断丝的额定电流是指熔断丝正常工作时允许通过的最大电流。（√）

Lb5B3084 线电压是指两根相线之间的电压。（√）

Lb5B3085 三相电气设备按 Y 形连接时，公共点称中性点，中性点接地时称零点。（√）

Lb5B3086 二次回路中，交、直流回路可用一条控制电缆。（×）

Lb5B3087 零线就是地线。（×）

Lb5B3088 无线电波在传播中会受到空气、大地、物体等介质的影响而产生反射、折射等，并导致能量损耗。（√）

Lb5B4089 调制频偏是指已调信号瞬时频率与载频的差值。（√）

Lb5B4090 静噪电路是为了消除通话时音频输出的噪声。（×）

Lb5B4091 调幅键控属非线性调制方式。（×）

Lb5B4092 无线电按波长划分有长波、中波、短波、超短波、微波等，频率越高波长则越长。（×）

Lb5B4093 双向终端主要有数传电台、主控板、显示电路、I/O 接口及电源等组成。（√）

Lb5B4094 数传电台由发射机、接收机、调制器、解调器四大部分组成。（√）

Lb5B1095 如果某文件正处于打开状态，则该文件不能被重命名。（√）

Lb5B2096 计算机开机时，应先打开主机电源，再打开显示器、打印机等外部设备电源。（×）

Lb5B4097 巡视是控制中心按预定顺序依次对系统内各双向终端采集数据的收集。（√）

La5B4098 固定存储器 ROM 的数据既能读也能进行改

写，因此也叫读写存储器。（×）

Lb5B5099 电容元件把吸收的能量以磁场能量的形式储存在磁场中。（×）

Lb5B5100 在单相全波整流电路中，每个二极管承受的最大单向电压是半波整流的4倍。（×）

Lb5B5101 导体的电阻一般随温度的升高而减少，半导体的电阻一般随温度的升高而增加。（×）

Lb4B1102 馈线的主要作用是将无线电收、发设备与天线相连接。（√）

Lb4B1103 变压器正常运行时是连续均匀的嗡嗡声。（√）

Lb4B1104 在无线电负荷控制系统中，为了便于主控站识别各个终端，要求每个终端的地址码都不相同。（√）

La4B1105 我国通常采用交流电的波形是正弦波，其频率是50Hz。（√）

Lb4B2106 同一个三相四线制的供电系统中，允许同时采用保护接零和保护接地两种保护措施。（×）

Lb4B2107 短路电流互感器二次绕组时，允许使用熔丝做短路线。（×）

Lb4B1108 在三相四线制的供电系统中，可以得到线电压和相电压两种电压。（√）

Lb4B1109 在配电装置中，铜与铝相连时，可直接连接。（×）

Lb4B1110 电能计量的二次回路一般都与继电保护的二次回路共用。（×）

Lb4B1111 表示设备断开、运行的信号装置和仪表的指示可作为设备有无电的依据。（×）

Lb4B1112 在终端安装过程中，接地是抑制干扰的重要方法，所以如何正确选择接地对系统抗干扰能力影响极大。（√）

Lb4B1113 保安电源就是备用电源。（×）

Lb4B1114 DT型电能表是三相四线有功电能表。（√）

La4B2115 最基本的门电路有与门、或门和非门。（√）

La4B2116 在晶体管保护中，电阻的用途是限流和分压。（√）

Lb4B2117 只有瓦斯保护才是变压器的主保护。（×）

Lb4B2118 单相变压器必须标明极性。（√）

Lb4B4119 断路器降压运行时，其遮断容量不变。（×）

Lb4B2120 远距离输送大功率电能时，必须采用高压输送。（√）

Lb4B2121 变压器中性点接地属于保护接地。（×）

Lb4B2122 变压器的油可用于断路器，但断路器的油不能用于变压器。（√）

Lb4B2123 后备保护分近后备和远后备保护两种。（√）

Lb4B3124 综合重合闸装置可以代替继电保护装置。（×）

Lb4B3125 高频保护是比较线路两端电压大小的一种保护装置。（×）

Lb4B2126 高压断路器额定工作电压是指断路器工作中的最高电压。（×）

Lb4B2127 隔离开关的主要作用是隔离电源具有明显的断开点。（√）

Lb4B2128 自动空气开关在电路发生过载和短路故障时，能自动断开电路。（√）

Lb4B2129 自动空气开关前必须安装有明显断开点的隔离刀闸。（√）

Lb4B2130 变压器匝数与电流的关系，用公式表示为 $W_1/W_2=I_1/I_2$。（×）

Lb4B2131 电压互感器用的高压熔断器和变压器的高压熔断器不能相互代用。（√）

Lb4B2132 变压器的低压绕组布置在高压绕组的外面。（×）

Lb4B3133 强迫油循环水冷变压器一般应在开动冷却装

置后，才允许带负荷运行。（√）

Lb4B2134 800kVA 及以下容量的车间内油浸变压器，不需装设瓦斯保护。（×）

Lb4B2135 万用电表的灵敏度越小，表明测量仪表对被测量电路的影响越小，其测量误差也就越小。（×）

Lb4B2136 用万用表进行测量时，不得带电切换量程，以防损伤切换开关。（√）

Lb4B2137 用万用表测量某一电路的电阻时，必须切断被测电路的电源，不能带电进行测量。（√）

Lb4B2138 任何一个仪表在测量时都有误差，根据引起误差原因的不同，可将误差分为两种：基本误差和附加误差。（√）

Lb4B4139 按最大需量计收基本电费的客户应装设具有最大需量计量功能的电能表。（ √ ）

Lb4B5140 当三相电流不平衡时，用三相三线计量方式会造成电能计量误差，须用三相四线计量方式。（√）

Lb4B2141 天线效率是天线的辐射功率与天线的输出功率之比。（×）

Lb4B2142 终端的电源部分主要作用是将 220V 交流电变换成机内各部件所需的直流电源。（√）

Lb4B2143 终端和脉冲式电能表有两个接口，一个是采集电能脉冲，另一个是直接读取电能表内的电能数。（√）

Lb4B2144 电流互感器的工作原理是静电感应原理。（×）

Lb4B2145 在低压线路上工作断开导线时，应先断零线，后断相线。（×）

Lb4B2146 Word 能保护个人文件，使他人只能观看却无法修改。（√）

Lb4B2147 进行磁盘碎片整理后，可使磁盘访问速度加快。（√）

Lb4B2148 使用钳形电流表，可先选择刻度一半处，然后再根据读数逐次切换。（×）

Lb4B2149 装有接地监视的电压互感器，当一相接地时，三相线电压表指示仍然正常。（√）

Lb4B3150 配电线载波控制系统所用的信号频率稍高，所需的信号电压和输入功率较大。（×）

Lb4B3151 无论哪种终端，都是一个计算机应用系统。（√）

Lb4B3152 遥控功能就是指主控站能够对各终端进行跳、合闸控制的功能。（√）

La4B3153 金属之所以有良好的导电性能，是因为金属中有大量的原子核。（×）

La4B3154 半导体的导电能力介于导体和绝缘体之间。（√）

Lb4B3155 日光灯并联电容器的目的是改善电压。（×）

Lb4B3156 通信类故障是指终端与主控站的数据传输已不能正常进行的故障。（√）

Lb4B4157 在负控应答通信方式中，远方终端既可根据控制中心的指令应答通信，也可主动向控制中心发送信息。（×）

Lb4B4158 日负荷率是指系统日最低负荷与最高负荷之比值。（×）

Lb4B4159 在负控系统中，执行遥控命令时，不能采用群控操作。（×）

Lb4B4160 脉冲信号可以是周期性的，也可以是非周期性的。（√）

Lb4B3161 在 Excel 中，假设 A1、B1、C1 分别为 5、10、15，则 SUM（A1:C1）值为 10。（×）

Lb4B3162 在 Windows 状态下，使用 ALT+TAB 快捷键可在打开的窗口间切换。（√）

Lb4B4163 计算机病毒就像生物病毒在生物体内繁殖导致生物患病一样，也会影响人的身体健康。（×）

Lb4B3164 格式化可清除 U 盘中的病毒。（√）

Lb4B4165 发送电子邮件时，一次发送操作只能发送给一个接收者。(×)

Lb4B5166 在工作人员紧缺的情况下，可由工作票签发人兼任该项工作的工作负责人。(×)

Lb4B5167 绝缘杆的电器试验周期是一年。(√)

Lb4B5168 SW2-220 型表示额定电压为 220kV、设计序列号为第 2、户外安装的少油断路器。(√)

Lb4B5169 高压试验中，在一个电气连接部分同时有检修和试验时，必须填写两张工作票。(×)

Lb4B5170 拆临时接地线时，应先拆接地端，后拆导体端。(×)

Lb4B5171 绝缘杆存放时，不应与墙接触。(√)

Lb4B5172 对于不同的人，感知电流是相同的。(×)

Lb4B5173 用验电笔验电时，需先在已知带电体上测试一下，以检验测电笔是否发光完好。(√)

Lb3B1174 单片机之所以能得到推广与应用，主要是因为单片机具有片内数据存储器 RAM 的优点。(×)

Lb3B1175 Office 2000 是由 Intel 公司开发的办公软件。(×)

Lb3B1176 Windows 2000 或 XP 系统中，文件夹建好后，其名称和位置均不能改变。(×)

La3B1177 二进制数 11 相当于十进制数 3。(√)

Lb3B1178 在通信的发送与接收之间，需要有一个通信双方都共同遵守的约定，我们将这个约定称为通信规约。(√)

Lb3B1179 根据电力负荷控制实用化考核验收标准，各类电力负荷控制装置月可用率应不低于 95%。(×)

Lb3B1180 电流互感器的误差是指互感器的比差和角差。(√)

Lb3B1181 主变压器开关停电时，应先停电源侧，再停负荷侧。(×)

Lb3B1182 双向终端的一个重要特点是按轮次进行跳合闸，一般将最重要的负荷接在最后一轮。（√）

Lb3B1183 低压空气断路器在跳闸时，是消弧触头先断开，主触头后断开。（×）

Lb3B3184 低压断路器是用于电路中发生过载、短路和欠电压等不正常情况时，能自动断开电路的电器。（√）

Lb3B3185 电力电容器能补偿电网无功、提高自然力率、减少线路能量损耗和线路压降、提高系统输送功率。（√）

Lb3B1186 三相四线制供电系统中，零线电位的高低完全决定于零线中流过电流的大小。（×）

Lb3B1187 电能计量的二次回路中，电压回路的导线截面不应低于 $1.5mm^2$。（√）

Lb3B1188 负控终端的输入信号分三类：脉冲量、模拟量和开关量。脉冲量来自电流互感器，模拟量来自电压互感器，而开关量是由开关辅助触点提供的。（×）

Lb3B1189 在直流地的接地方法中，并联接地法与串联接地法相比具有接线简单、造价低的特点。（×）

Lb3B1190 只要将电力负控终端的常闭接点串入客户入低压自动开关的失压脱扣线圈回路中，就能达到遥控低压自动开关的目的。（√）

Lb3B1191 高压供电的客户，只能装设高压电能计量装置。（×）

Lb3B1192 用电负荷是电网供电地区全体电力客户某一瞬间所使用的功率的总和。（√）

Lb3B1193 电力系统中，客户功率因数的变化直接影响系统有功功率和无功功率的比例变化。（√）

Lb3B1194 功率因数的大小与电路中的负荷性质无关。（×）

Lb3B4195 变压器容量在100kVA及以上的客户实行功率因数调整电费。（√）

Lb3B1196 电力系统中的各类发电厂是电网的能源，按所用一次能源的不同可分为火电、水电、核电等。（√）

Lb3B2197 为保证电压继电器工作的稳定性和触点工作的可靠性，其整定值应不小于全刻度量的1/3。（√）

Lb3B2198 消弧线圈用于中性点不接地系统。（√）

Lb3B2199 进行电器设备的预防性试验时，应该首先做非破坏性试验，然后再做破坏性试验。（√）

Lb3B2200 接地线必须使用专用的线夹固定在导体上，严禁用缠绕的方法进行接地或短路。（√）

Lb3B2201 存储器分为两种：只读存储器和固定存储器。（×）

Lb3B2202 数据调制的主要任务是把计算机的数据信号转变为适合特定通道的模拟信号。（√）

Lb3B2203 断开互感器二次回路时，应事先将其二次的试验端子开路。（×）

Lb3B3204 高压电压互感器二次侧要有一点接地，金属外壳也要接地。（√）

Lb3B3205 运行中的高压设备其中性点接地系统的中性点可视作非带电体，允许触摸。（×）

Lb3B2206 运行中的电流互感器二次回路不允许开路。（√）

Lb3B5207 电流互感器的一次侧电流在正常运行时，应尽量为额定电流的2/3左右，至少不得低于1/3。（√）

Lb3B3208 低压供电，负荷电流为60A以上时，宜采用经电流互感器接入式的接线方式。（×）

Lb3B2209 直流系统一般不许控制回路与信号回路混用。（√）

Lb3B2210 失压脱扣器是一种在无电后使断路器跳闸的电气装置。（√）

Lb3B2211 电流互感器串联在被测电路中，电压互感器并

联在被测电路中。（√）

Lb3B2212　双向终端在开机状态下，严禁带电插拔电缆与主控板或电台的连线。（√）

Lb3B2213　双向终端就是指数据能在终端机与中央控制机之间相互传送。（√）

Lb3B3214　最大允许频偏是根据频道间隔规定的已调信号瞬时频率与载频的最大允许差值。（√）

Lb3B3215　与不同的供电相数相适应，有功电能表分为单相表、三相三线表及三线四线表。（√）

Lb3B3216　用电能表直接测量时，其倍率与电能表的齿轮比成正比，与电能表的常数成反比。（√）

Lb3B3217　三相无功电能表，只有接线错误才可能出现反转。（×）

Lb3B3218　接入中性点有效接地的高压线路的计量装置，应采用三相四线有功、无功电能表。（√）

Lb3B3219　电能表的额定电压应与供电线路电压相适应，否则将无法正确计量。（√）

Lb3B3220　在同频道干扰中，干扰信号越大，接收机输出的信噪比越大。（×）

Lb3B3221　若无线电负控双向终端的接收机损坏，则终端的故障现象为：主控板正常，但收不到主台的任何命令。（√）

Lb3B4222　在地面 1.5m 以上进行工作，称为高空作业。（×）

Lb3B4223　配电线路电杆的埋设深度不应大于 1m。（×）

Lb3B4224　接触电压是人两脚之间的电位差。（×）

Lb3B4225　同杆架设的多层电力线路进行验电时，先验高压，后验低压。（×）

Lb3B4226　线路绝缘子表面的污秽物质对绝缘子的绝缘水平无任何影响。（×）

Lb3B4227　挂临时接地线的目的是防止工作地点突然来

电及产生感应电压，造成工作人员触电。（√）

Lb3B4228 检修 10m 及以下的母线，可以只装设一组接地线。（√）

Lb3B4229 在变电站工作时，如果发生直流永久性接地，工作人员应立即停止在直流回路上工作。（√）

Lb2B2230 在微型计算机中，二进制数–0.1011 的原码为 0.1011。（×）

Lb2B1231 Windows 9x 提供了对长文件名的支持，但不可以在文件名中使用空格。（×）

Lb2B1232 配电网载波通信中，各条线路上都必须串接阻波器。（×）

Lb2B1233 接线组别不同的变压器不能并列运行。（√）

Lb2B1234 二次侧为双绕组的电流互感器，其准确度等级高的二次绕组应供计量用。（√）

Lb2B1235 高压负荷开关应与高压熔断器配合使用。（√）

Lb2B1236 金属不同，但规格、绞向相同的导线可在同一档距内连接。（×）

Lb2B1237 目前，电力负荷控制系统的终端和当地的多功能电能表之间，大多采用 RS–485 接口进行串行通信，实现远方抄表。（√）

Lb2B1238 在电力系统中，用户侧的管理也叫需求侧管理，英文缩写为 DSM。（√）

Lb2B1239 电网频率的波动是由于电网负荷变化而引起的。当负荷过重时，频率升高，负荷过轻时，频率降低。（×）

Lb2B2240 配电网载波通信衰耗主要发生在由于阻抗变化而形成的回波衰耗上。（√）

Lb2B2241 电流速断保护的动作电流应按躲过最大负荷电流整定。（×）

Lb2B2242 在两端供电的线路上，合闸时电网的频率和两端供电电源频率相同时，即称为同期。（×）

Lb2B2243 视在功率不是有功功率也不是无功功率。（√）

Lb2B2244 Windows 9x 提供的系统监测器，主要用于监视硬盘空间的占用情况。（×）

Lb2B2245 Windows 9x 中的控制面板可用于更改计算机设置。（√）

Lb2B2246 网络协议是计算机网络的语言，最常用的网络协议包括 IPX/SPX、TCP/TP 以及 NetBEUI。（√）

Lb2B2247 接入 Internet 的计算机必须共同遵守 TCP/IP 协议。（√）

Lb2B2248 在 Internet 中域名和 IP 都可以由用户任意命名。（×）

Lb2B3249 同一变电站内在几个电气连接部分上依次进行不停电的同一类型的工作，可以发给一张第二种工作票。（√）

Lb2B3250 带电作业的监护人监护的范围不得超过两个作业点。（×）

Lb2B3251 性能良好的接收机灵敏度都在 1V 以下。（×）

Lb2B4252 微机系统中，最重要的，且危害最严重的干扰来源于电源的污染。（√）

Lb1B1253 高压供电方案的有效期为一年，逾期注销。（√）

Lb1B1254 功率控制是指当客户用电负荷超过所给定的功率定值时，负荷控制装置按设定程序对客户被控回路的控制。（√）

Lb1B1255 配电室母线排之间经常作用着吸引力或排斥力。（√）

Lb1B1256 对Ⅰ类计费用计量装置，电压互感器二次回路电压降应不大于额定二次电压的 0.5%。（×）

Lb1B3257 电能计量测用电压和电流互感器的二次导线截面积至少应为 $2.5mm^2$ 和 $4mm^2$。（√）

Lb1B3258 电能计量柜计量单元的电压回路，不得作辅助

单元的供电电源。（√）

Lb1B3259 电能计量柜中计量单元的电压和电流回路，应先经试验接线盒再接入电能计量仪表。（√）

Lb1B3260 电能计量专用电压、电流互感器或专用二次绕组及其二次回路不得接入与电能计量无关的设备。（√）

Lb1B4261 电能计量装置实施封印的位置为电能表接线端子、计量柜（箱）门等，计量装置应由计量人员实施封印。（√）

Lb1B3262 用电计量装置原则上应装在供电设施的产权分界处。（√）

Lb1B1263 电力负荷系统主站软件常用的数据库有 Oracle、Database、DB 2 等。（√）

Lb1B2264 输电线路载波通信使用 40～200kHz 载波频率。（×）

Lb1B2265 模拟量变换成数字量的过程叫做模数转换，常用 A/D 表示。（√）

Lb1B2266 带电物体互相靠近时，彼此之间会有力的作用，该力称为电场力。（√）

Lb1B2267 油浸变压器运行的最高温度不得超过 75℃。（×）

Lb1B2268 铁、铜、铝均能被磁铁吸引。（×）

Lb1B2269 按无线电力负荷控制双向终端技术条件规定，其接收机调制接收带宽最小为 15kHz。（×）

Lb1B2270 按照规约规定，可变帧起始字符是 68H。（√）

Lb1B2271 Windows 9x 中“回收站”文件夹使用的硬盘空间大小是固定的。（×）

Lb1B2272 1C（库仑）就是 6.25×10^{18} 个电子所带的电量。（√）

Lb1B2273 误码率指数据信号在传输过程中出现差错的概率。（√）

Lb1B2274　FSK 调制方式中，数据信息是通过相位变化来传递的。（×）

Lb1B2275　8086CPU 标志寄存器中共有 12 个标志位，包括 9 个状态位和 3 个控制标志位。（×）

Lb1B3276　局域网的拓扑结构主要有总线型、星形和环形三种形式，其中环形网络可靠性最高。（×）

Lb1B3277　MAC 地址通常存储在计算机的网卡上。（√）

Lb1B4278　直流操作电压只能用定时限时过电流保护。（×）

Lb1B4279　计算短路电流所产生的热效应，是为了防止烧坏电气设备。（×）

Lc5B2280　干粉灭火器适用于扑救电气火灾，且灭火速度快。（√）

Lc5B2281　加速绝缘材料老化的主要原因是使用的温度过高。（√）

Lc5B2282　创伤急救原则是先固定、后抢救、再搬运。（×）

Lc5B3283　电气设备着火时，对带电设备应使用泡沫灭火器灭火。（×）

Lc5B3284　电网运行实行统一调度，集中管理。（×）

Lc5B3285　凡是工矿企业生产或加工用电均按大工业电价计算。（×）

Lc4B1286　橡皮、玻璃和石墨都叫绝缘体。（×）

Lc4B2287　心肺复苏法的三项基本措施是通畅气道、口对口人工呼吸和胸外按压。（√）

Lc4B2288　抢救伤员时，严禁用电线、铁丝、细绳等作止血带使用。（√）

Lc4B2289　全面质量管理的基本特点是从定结果变为管因素。（√）

Lc4B2290　手车式断路器隔离插头检修后，其接触面应涂润滑油。（×）

Lc4B3291 对同一电网内的同一用电类别的客户，执行相同的电价标准。（×）

Lc4B3292 减容必须是整台或整组变压器的停止或更换小容量变压器用电。（√）

Lc4B3293 检修停电不扣减基本电费，但事故停电、计划限电应扣减基本电费。（×）

Lc3B1294 供电企业必须在供电后才能与客户签订供用电合同。（×）

Lc3B1295 窃电时间无法查明时，窃电日数至少以180天计算。（√）

Lc3B2296 对于查处的窃电违约金，可作为电费收入入账。（×）

Lc3B2297 对于拆表的大工业客户，在计算基本电费时均按日计价。（√）

Lc2B1298 临时用电期限除经供电企业准许外，一般不得超过一年。（×）

Lc2B2299 并网运行的客户发电机，其检修时间应安排在电网负荷较低的时期。（√）

Lc2B2300 电网中的输电、变电和配电系统，是将电源生产的电能，可靠地、高效地送到负荷中心或地区，并分配给电力客户使用。（√）

Lc2B4301 110kV 以上电压等级的系统以防护内部过电压为主。（√）

Lc1B1302 实行电力分时计费，可以平衡电网的用电负荷，最大限度地减少资源浪费。（√）

Jd5B2303 使用绝缘电阻表计，转动手摇发电机，切忌忽快忽慢，一般规定为120r/min。（√）

Jd3B2304 用于发电机和调相机上的交流仪表应不低于1.5级。（√）

Jd3B2305 用指针式万用表测量电阻时，应先将正负表笔

短接，调节调零电位器使指针偏转到零。（√）

Jd2B2306 在接低压三相三线有功电能表时，如果A、B相电压对调，即三相电压错接为BAC，将会导致电能表停走。（√）

Jd1B2307 如果低压三相三线有功电能表的B相电压断相，那么该电能表表速就会走慢一半。（√）

Je5B1308 使用电工刀时，刀口应朝外切削。（√）

Je5B2309 绝缘电阻表在使用前，指针可能停留在标尺的任意位置上。（√）

Je5B3310 测量绕组直流电阻的目的是判断是否断股或接头接触不良。（√）

Je3B1311 无线电电力负荷控制系统的调试包括：主控站设备检查、终端设备检查以及系统联合调试。（√）

Je3B1312 电钻是用来钻孔的电动工具。按接用的电源分，有单相电钻和三相电钻。（√）

Je3B2313 低压验电笔可用于检查接线正误和帮助判断电气故障。（√）

Je1B1314 高压试验装置的电源开关可采用空气开关。（×）

Je1B3315 装设接地线，应先接导线端后接接地端。（×）

Je1B3316 若收、发信机损坏或收、发信机未加上电压，无线电负控双向终端将出现主控板自检正常，但电台不工作的故障。（√）

Jb1B2317 Windows系统中，将文件不经过“回收站”直接删除，点击选中某文件，通过同时按住Shift和Del键进行删除。（√）

Jb1B2318 在Windows 2000中，若要选择多个不连续的操作对象，可通过按住是Shift键的同时，点击第一个和最后一个对象。（√）

Jb1B2319 Windows系统中，将文件不经过“回收站”直

接删除，点击选中某文件，通过同时按住 Shift 和 Del 键进行删除。（√）

Jb1B2320 在 Windows 2000 中，若要选择多个不连续的操作对象，可通过按住 Shift 键的同时，点击第一个和最后一个对象。（√）

Lb4B2321 ASCII 码是美国标准信息交换码，是目前最普遍使用的字符编码。ASCII 码有 7 位码和 8 位码两种形式。（√）

Lb3B2322 为提高数据传输可靠性，通过计算机通信传输的数据应带有数据有效/无效等质量标志。（√）

Lb2B2323 为了提高传输的可靠性，对传输信息要进行抗干扰编码。（√）

Lb1B3324 远动终端应可靠接地、有抗电磁干扰的能力、信号输入应有可靠的电气隔离。（√）

Lb5B2325 数据通信和数字通信是没有区别的。（×）

Lb5B4326 串行通信中，有两种基本的通信方式：异步通信和同步通信。（√）

Lb3B2327 数字通信比模拟通信具有更强的抗干扰能力。（√）

Lb2B4328 串行通信是指两台设备之间（或称点对点之间）的所有通信通过单一通信通道串行传输的一种方式。（√）

Lb2B3329 终端应可靠保护接地，应有抗电磁干扰的能力，其信号输入应有可靠的电气隔离。（√）

Lb2B2330 主站接收不到 RTU 的信息，一定是通信设备有问题，而非 RTU 问题。（×）

Lb5B2331 RS–485 通信的最大传输距离是 1200m。（√）

Lb4B2332 并行通信：一个数据代码由若干位组成，数据的每一位各占一条信号线，即为并行传输。并行传输一般用在数据设备内进行近距离传输（1m 或数米之内），传输速率高。数据通路需要 n 条线同时传送 n 位数据。（√）

Lb4B2333 串行通信：代码的若干位顺序按位串行排列成

数据流，在一条信道上传输，即为串行传输。串行传输一般用于远程数据传输，数据一位一位顺序传送，传输速率较低。（√）

Lb3B2334 与并行通信相比，串行通信传送速度比并行通信要慢。（√）

Lb3B2335 信号的速率是 1s 内所传数字信号的码元个数，单位是 bit/s。（√）

Lb1B2336 数字通信系统的最基本的质量指标是误码率。（√）

4.1.3 简答题

La5C1001　什么叫左手定则？简述左手定则。

答：左手定则是导体在磁场中受力方向的定则。伸开左手，使拇指与其余四指垂直，并都和手掌在同一平面内，让磁力线垂直穿过手心，使四指指向电流的方向，那么拇指的指向，则是导体受力的方向。

La5C1002　什么叫右手定则？简述右手定则。

答：右手定则是导体在磁场中运动时导体中感生电动势方向的定则。伸开右手，使拇指与其余四指垂直，并都和手掌在同一平面内，让磁力线从手心垂直地进入，使拇指指向导体的运动方向，这时其余四指所指的方向就是感生电动势的方向。

La5C1003　晶体管振荡的条件是什么？

答：（1）一个振荡器必须满足相位和振幅平衡条件。

（2）在振荡器电路中必须具有非线性元件。

（3）为了保证自激起振，振荡管要有适当的偏置电流。

La5C1004　对供电系统的基本要求有哪些？

答：（1）供电可靠。

（2）电能质量合格。

（3）安全、经济、合格。

（4）电力网的运行调度灵活。

La5C1005　什么是高峰负荷、低谷负荷和平均负荷？

答：（1）高峰负荷，又称最大负荷，是指电网中或某客户在一昼夜时间内所发生的最大负荷值。

（2）低谷负荷，又称最小负荷，是指电网中或某客户在一天 24h 内发生的用电量最小的一点的小时平均电量。

（3）平均负荷，是指电网中或某客户在一段确定时间阶段内的平均小时用电量。

La5C2006　电功率与电能有什么区别？它们是什么关系？

答：电功率与电能的区别在于：电能是指一段时间内电源力所做的功；而电功率则是指单位时间内电源力所做的功。它们之间的关系是

$$W = Pt$$

式中　P——电功率，kW；

t——时间，h；

W——电能，kWh。

1kW 的负载在 1h 内所消耗的电能为 1kWh。

La5C2007　半导体整流电路和滤波电路的作用是什么？

答：（1）半导体整流电路的作用是将交流电变换成单方向脉动的电压和电流。

（2）滤波电路的作用是滤去电压和电流中的交流分量，以满足对电源波形要求较高的电子仪器等设备的要求。

La5C2008　简述电力生产的特点。

答：（1）电能的生产、输送、分配以及转换为其他形态能量的过程，是同时进行的。

（2）电力生产是高度集中的、统一的。

（3）电能使用最方便，适用性最广泛。

（4）过渡过程相当迅速。

（5）电力生产在国民经济发展中具有先行性。

La5C3009　说明电功和电功率的定义及单位。

答：电流所做的功叫电功。电功的常用单位是 J、kWh 等。

电源在单位时间里所做的功称为电功率，电功率的单位是（J/s）、又称为瓦特（W）。

La5C3010　晶体管放大电路共射、共集、共基三种基本组态有哪些特点？简要说明其特点及应用。

答：（1）共射电路同时具有较大的电压放大倍数、电流放大倍数，输入电阻和输出电阻比较适中，一般在对输入电阻、输出电阻和频率响应没有特殊要求的地方，常采用。共射电路被广泛地作低频电压放大电路的输入级、中间级和输出级。

（2）共集电路的特点是电压跟随，电压放大倍数接近 1 而小于 1，而且输入电阻很高、输出电阻很低。由于具有这样的特点，常被用于多级放大电路的输入级、输出级或作为隔离用的中间级。

（3）共基电路的突出特点是具有很低的输入电阻，使晶体管结电容的影响不显著，因而频率响应得到很大改善，所以这种接法常用于宽频放大器中。另外，由于输出电阻高，共基电路还可作为恒流源。

La5C4011　简述部分电路、全电路的欧姆定律。

答：（1）部分电路的欧姆定律：通过部分电路的电流 I，等于该部分电路两端的电压 U 除以该部分电路的电阻 R，即 $I=U/R$。

（2）全电路的欧姆定律：通过全（闭合）电路的电流，等于电路中电源的电动势 E，除以电路中的总电阻（外电阻 R 和内电阻 r 之和），即 $I=E/(R+r)$。

La4C1012　什么是正弦交流电的三要素？

答：正弦交流电的三要素是：

（1）最大值（振幅）决定正弦量的变化范围。

（2）频率（或角频率）决定正弦量的变化快慢。

（3）初相位（或初相角）决定正弦量的起始变化进程，还决定这个正弦量变化的初始值。

La4C2013 什么叫周期、频率和角频率？并说明它们之间的关系。

答：交流电变化一个周波所需的时间，叫周期，用符号 T 表示，单位是 s。

交流电每秒变化的次数，叫频率，用符号 f 表示，单位是 Hz。

交流电在单位时间内变化的角度，叫角频率，用符号 ω 表示，单位是 rad/s。

它们之间的关系式为

$$T=1/f，f=1/T，\omega=2\pi/T=2\pi f$$

La4C2014 简述电力工业的性质与特征。

答：（1）电力工业是国民经济中具有先进性的重要基础产业，电力工业是建立在现代的能源转换、传输、分配的科学技术基础上，高度集中的社会化大生产。电力工业具有高度的集中性、统一性。

（2）电力应用的广泛社会性和不可或缺性，决定了电力工业是一种具有社会公用服务性质的社会公益性行业。

（3）电力需求增长速度超前国民经济增长速度的规律，决定了电力工业发展的先行性质。

（4）电能不能储存，电力生产、供应、消费同时进行，决定了电力工业是具有与需求直接对应性质的供需一体化产业。

La4C2015 提高功率因数通常采用什么方法？

答：（1）正确选择设备容量、型号，避免“大马拉小车”；

（2）尽可能选用同步电机，或将异步电机同步化；

（3）装设电容器或调相机补偿无功；

（4）正确选择变压器并安排经济运行。

La4C2016　为什么发、供、用电之间必须随时保持平衡？

答：根据电力工业生产的特点，电力的生产集产、运、销为一体，一般不能大规模存储，其生产过程是连续的，发电、输电、变电、配电和用电是在同一瞬间完成，因此发电、供电、用电过程之间必须随时保持平衡。

La4C3017　简述基尔霍夫定律。

答：基尔霍夫定律是确定任意形式的电路中，各节点的电流之间与各回路的电压之间所遵循的普遍规律的电路定律，它包括两个定律。

基尔霍夫第一定律：在任意时刻流入电路中某一分支点的电流强度的总和，等于从该点流出的电流强度的总和。

基尔霍夫第二定律：在电路中任取一闭合回路，并规定正的绕行方向，其中电动势的代数和，等于各部分的电阻（在交流电路中为阻抗）与电流强度乘积的代数和。

La4C3018　提高功率因数有哪些好处？

答：（1）可提高发、供电设备的供电能力，同样的设备可更充分地利用；

（2）可提高客户设备的利用率，节约客户电气设备，挖掘原有设备潜力；

（3）可降低电力系统电压损失，减小电压波动，改善电能质量；

（4）可减少输、变、配电设备的电流，因而降低电能输送过程中的电能损失，节约电力；

（5）可减少工矿企业电费开支，降低成本。

La4C4019　简述视在功率、有功功率、无功功率定义，写

出它们的表达公式。

答：电路中电压与电流有效值的乘积，称视在功率，用符号 S 表示，单位是 VA 或 kVA。

有功功率又叫平均功率，即瞬时功率在一个周期内的平均值，叫有功功率，用符号 P 表示，单位是 W 或 kW。

在具有电感或电容的电路中，它们只与电源进行能量的交换，并没有消耗真正的能量。把与电源交换能量的功率的振幅值，叫做无功功率，用符号 Q 表示，单位是 var 或 kvar。

它们的表达式为

$$S=IU，P=IU\cos\varphi，Q=IU\sin\varphi$$

La3C4020 什么是 COMS 集成电路的扇出系数？简要说明它与工作频率的关系。

答：人们常把能带同类门电路的个数，叫扇出系数。低频工作时，COMS 集成电路几乎可以不考虑能力问题；高频工作时，扇出系数与频率有关。

La3C4021 什么叫频率调制？一般用什么方法解调调频波？

答：频率调制是使高频载波的频率按调制信号规律变化的一种方式。调制信号的变化反映在高频振荡波的角度（频率或相位）变化上，不能直接用包络检波器解调调频波。常用的解调方法是利用波形变换把调频波变成与角度变化（频偏或相移）成正比的调角调幅信号，然后再进行包络检波，就可解调出原调制信号。

La2C4022 简述产生电磁场的根本原因及电磁波传播规律。

答：电流是产生磁场的根本原因，即交变电流的周围必然产生交变的磁场。电磁波传播的规律就是变化的磁场产生变化的电场，变化的电场产生变化的磁场。

La1C2023　什么是电磁波？电磁波传播有哪些途径？

答：所谓电磁波就是以某种有限速度在空间传播的电磁场。电磁波传播途径有天波、地面波、空间波三种。

Lb5C1024　变电站的接地装置有几种类型？

答：变电站的接地装置有工作接地、保护接地及防雷接地三种类型。

Lb5C1025　继电保护应满足哪些基本要求？

答：继电保护应满足选择性、快速性、灵敏性、可靠性的要求。

Lb5C1026　什么是电压互感器？它的结构特点是什么？

答：（1）电压互感器又称 TV，它是供配电系统中配合测量仪表和继电保护的一种特殊变压器；

（2）电压互感器的一次匝数很多，接入高压系统；二次匝数很少，负载为电压表、功率表和继电保护电压线圈。

Lb5C1027　什么是电流互感器？它的结构特点是什么？

答：（1）电流互感器也称为 TA，它是配合电流表、继电器线圈反映主电路电流值的一种特殊变压器；

（2）电流互感器的一次绕组匝数极少，通常为一匝或几匝；二次绕组匝数很多。一次绕组串联在主电路中，二次负载为电流表或继电器中的电流线圈。

Lb5C1028　电力系统的中性点接地方式有哪几种？

答：（1）中性点不接地。

（2）中性点经消弧圈接地。

（3）中性点直接接地。

Lb5C1029　变压器并列运行条件有哪些？

答：（1）绕组接线组别相同。

（2）电压比相等。

（3）短路电压相等。

（4）相序相同。

Lb5C1030　一般防护安全用具有哪些？

答：（1）携带型接地线。

（2）临时遮栏。

（3）标示牌。

（4）警告牌。

（5）防护目镜。

（6）各种登高工具等。

Lb5C1031　简述电气工作人员必须具备的条件。

答：（1）经医师鉴定，无妨碍工作的病症；

（2）具备必要的电气知识，且按职务和工作性质，熟悉《电力安全工作规程》（变电部分，线路部分，热力和机械部分）的有关部分，并经考试合格；

（3）学会紧急救护法，特别要学会触电急救。

Lb5C1032　哪些属于不停电工作的范围？

答：（1）工作本身不需要停电和没有偶然触及导电部分的危险者；

（2）许可在带电设备外壳上或导电部分上进行的工作。

Lb5C1033　在电气设备上工作，保证安全的组织措施有哪些？

答：（1）工作票制度。

（2）工作许可制度。

（3）工作监护制度。

（4）工作间断、转移和终结制度。

Lb5C1034　简述保证安全的技术措施。

答：（1）停电。

（2）验电。

（3）装设接地线。

（4）悬挂标示牌和装设遮栏。

Lb5C1035　说明带电作业工具定期进行电气试验和机械试验的周期。

答：电气试验：预防性试验每年一次，检查性试验每年一次，两次试验间隔半年。

机械试验：绝缘工具每年一次，金属工具每两年一次。

Lb5C1036　简述静噪电路的作用。

答：静噪电路是为了消除不通话或通话间歇时音频输出端的噪声。在未收到信号时自动闭锁接收机的低频放大器，使喇叭没有噪声输出，而在接收到信号时，能自动解除闭锁，使接收机正常工作。

Lb5C1037　在无线电电力负荷控制系统中天线起什么作用？

答：（1）在发射系统中，天线把发射机通过传输线送来的高频电能量变换成电磁波向空间辐射。

（2）在接收系统中，天线将空间的电磁波转变成传输线中的信号功率送到接收机。

Lb5C2038　对避雷器有哪两个基本要求？

答：（1）出现大气过电压时，避雷器必须放电，将过电压限制到一定的数值，以保护电器设备。

（2）当过电压消除后，避雷器应当迅速可靠地灭弧，切断工频电流，使电网恢复正常运行。

Lb5C2039　安装接线图中，对二次设备、端子排等进行标志的内容有哪些？

答：（1）标志与屏面布置图相一致的安装单位编号及其设备的顺序号。

（2）标志与展开接线图相一致的设备文字符号。

（3）标志与设备表相一致的设备型号。

Lb5C2040　变电站的哪些设备应装设直击雷保护装置？

答：（1）户外配电装置和主变压器。

（2）主控制室和高压室内配电装置。

（3）户外钢筋混凝土架构。

Lb5C2041　功率表和电能表有什么不同？

答：（1）功率表所测量的是电功率的大小，是有效值。

（2）电能表是将电功率和时间的乘积累计起来的仪表，它不仅要反映出功率的大小，而且还要能够反映出电能随时间增长积累的总和。

Lb5C2042　衡量电能质量的标准是什么？我国对频率质量有什么规定？

答：（1）电能的质量标准是以频率、电压和波形来衡量的；

（2）我国规定电力系统频率在额定值（50Hz）上下的容许偏差为±0.2～±0.5Hz。

Lb5C2043　电缆防火有哪些措施？

答：（1）采用阻燃电缆。

（2）采用防火电缆托架。

（3）采用防火涂料。

（4）电缆隧道、夹层出口等处设置防火隔墙、防火挡板。

（5）架空电缆敷设应避开油管道、防爆门，否则应采取局部穿管或隔热防火措施。

Lb5C2044　简述低压回路停电的安全措施。

答：（1）将检修设备的各方面电源断开取下可熔断熔断器，在刀闸操作把手上挂“禁止合闸，有人工作”的标示牌。

（2）工作前必须验电。

（3）根据需要采取其他的安全措施。

Lb5C2045　接地有什么主要作用？接地方式有几种？

答：接地的主要作用是保护人身和设备的安全，所以电气设备需要采取接地措施。根据接地的目的不同，按其作用不同，接地方式有保护接地、工作接地、防雷接地（过电压保护接地）接零和重复接地等。

Lb5C2046　安全用具在使用中有哪些要求？

答：（1）无特殊防护装置的绝缘棒，不允许在下雨或下雪时进行室外操作。

（2）潮湿天气的室外操作，不允许用无特殊防护的绝缘夹。

（3）橡皮绝缘手套应内衬一副线手套。

（4）绝缘台用于室外时，需放在坚硬的地面上。

（5）用验电器时，应戴绝缘手套和站在绝缘台上，逐渐接近有电设备，直至氖灯发光为止。

Lb5C2047　简述触电伤员脱离电源后的处理。

答：（1）触电伤员如神志清醒者，应使其就地躺平，严密观察，暂时不要站立或走动。

（2）触电伤员，如神志不清醒者，应就地仰面躺平，且确保气道畅通，并用5s时间，呼叫伤员或轻拍其肩部，并以判定伤员是否意识丧失，禁止摇动伤员头部呼叫伤员。

（3）需要抢救的伤员，应立即就地坚持正确抢救，并设法联系医疗部门接替抢救。

Lb5C2048　简述重复接地的主要作用。

答：（1）能稳定负载中性点电位，使其在零线断线时位移很小，避免了烧坏设备的危险。

（2）可以减轻触电的危险。

（3）重复接地可以降低中性线上的电压损失。

（4）重复接地提高了保护接零的效果。

（5）重复接地是接零保护的后备保护。

Lb5C2049　哪些工作填用第二种工作票？

答：（1）控制盘和低压配电盘、配电箱、电源干线上的工作。

（2）二次系统和照明等回路上的工作，无需将高压设备停电者，或作安全措施者。

（3）转动中的发电机，同期调相机的励磁回路或高压电动机转子电阻回路上的工作。

（4）非运行人员用绝缘棒、核相器和电压互感器定相或用钳型电流表测量高压回路的电流。

（5）大于《国家电网公司电力安全工作规程（变电部分）》表2-1距离的相关场所和带电设备外壳上的工作以及无可能触及带电设备导电部分的工作。

（6）高压电力电缆不需停电的工作。

（7）换流变压器、直流场设备及阀厅设备上工作，无需将直流单、双极或直流滤波器停用者。

（8）直流保护控制系统的工作，无需将高压直流系统停用者。

（9）换流阀水冷系统、阀厅空调系统、火灾报警系统及图像监视系统等工作，无需将高压直流系统停用者。

Lb5C2050　在带电的电流互感器二次回路上工作时，要采取哪些安全措施？

答：（1）严禁将电流互感器二次侧开路。

（2）短路电流互感器二次绕组，必须使用短路片或短路电阻，短路应妥善可靠，严禁用导线缠绕。

（3）严禁在电流互感器与短路端子之间的回路和导线上进行任何工作。

（4）工作必须认真谨慎，不得将回路的永久性接地点断开。

（5）工作时必须有专人监护，使用绝缘工具，并站在绝缘垫上。

Lb5C2051　简述负荷控制设备检查的观察分析法。

答：对故障设备的面板所有指示进行观察，从各指示灯所显示的状态和电流、电压值指示的大小，与设备正常工作情况比较，结合设备工作原理及其信号流程，可初步判断故障在哪个部分。然后再做进一步的检查，最终确定故障位置。

Lb5C2052　无线电电力负荷控制系统专用信道的频段、调制频偏是多少？采用何种调制方式？

答：（1）频段：230MHz 频段。

（2）调制频偏：±5kHz。

（3）调制方式：2FSK—FM 调制，即二进制移频键控和调频双重调制。

Lb5C2053　常用的无线电天线有哪几种？各适用在什么场合？

答：（1）全向天线：主要用于无线电电力负荷控制系统的主站和中继站。

（2）J 型天线：主要用于无线电电力负荷控制系统的主站和中继站。

（3）八木天线：多用于终端客户。

Lb5C2054　何为调制与解调？

答：在进行通信时，信号要从发送端传送到接收端。为了有效地实现信号的传送，需要一个高频电波作为携带信号的运载工具，即载波。在发送端，将信号“记载”在载波上，这个过程称为调制，而在接收端把信号从载波上取出来的过程，则称为解调。

Lb5C2055　电力负荷控制系统实用化验收对装用范围的考核标准是什么？

答：（1）装用的负荷控制装置所监控的用电负荷，必须达到占地区总负荷的 70%以上，系统的控制能力应能限下占地区总负荷的 15%以上。

（2）对受电变压器容量在 500kVA 及以上的客户，应全部安装具有定量控制功能的电力负荷控制装置。

（3）对受电变压器容量在 315～500kVA 的客户，其 80%以上应安装具有定量控制功能的电力负荷控制装置。

（4）对受电变压器容量在 100～315kVA 的客户，其 70%以上应安装具有定量控制功能的电力负荷控制装置。

（5）地区对县供电和装机容量 1000kW 及以上的上网电厂所有关口处，原则上应全部安装电力负荷控制装置。已采用电网调度自动化系统采集关口数据的，可利用其用于负荷监控。

（6）在已经达到第一项和监控功能及效果考核标准时，对由于地理环境和用电性质特殊等原因，安装和维护负荷控制装置确有困难的客户，经省电网经营企业同意，可适当降低安装户数的要求。

Lb5C2056　在晶体管开关电路中，通常采用哪些措施来提高它的开关性能？

答：（1）设置加速电容器。

（2）使电路深度饱和。

（3）使电路可靠截止。

Lb5C2057　二极管并联使用有什么作用？为什么在每个并联二极管上串联一个电阻？

答：二极管并联使用可以解决因单管正向平均电流小，不能满足通过较大负载电流的要求。但由于二极管正向电阻不一致，即使型号相同的管子，电流也不可能平均分配。所以每个二极管再串一个电阻，使各管的电流分配基本相同，避免因过流使二极管烧坏。所以，这个电阻又叫均流电阻，其限值一般为单个二极管正向电阻的3～4倍。

Lb5C2058　使用晶体管时，注意事项有哪些？

答：（1）使用晶体管时，应注意不使各参数超过所规定的极限值，否则将造成管子损坏。

（2）焊接管子时，电烙铁不应超过45W，焊接速度要快，并注意散热。

（3）晶体管的布置应尽量远离发热元件。

（4）为防止管子击穿，绝对不允许在电源接通的情况下断开基极。

Lb5C2059　在各种工作中应悬挂何种标示牌？

答：（1）在检修设备有关的断路器和隔离开关的操作把手上悬挂“禁止合闸，有人工作”的标示牌，在检修线路有关的断路器和隔离开关的操作把手上悬挂“禁止合闸，有人工作!”

的标示牌。

（2）在隔离开关带电体的遮栏上和在架构上工作时，邻近带电体横梁上悬挂“止步，高压危险！”的标示牌。

（3）允许工作的地点，应悬挂“在此工作”的标示牌。允许工作人员的上、下用的架构或梯子上应悬挂“从此上下”的标示牌，反之，禁止人员上下的构架或梯子上，应悬挂“禁止攀登，高压危险！”的标示牌。

Lb5C3060　简述客户日负荷曲线、系统年最大负荷曲线的定义。

答：（1）日负荷曲线：反映客户电力负荷在一天24h变化的曲线。

（2）系统年最大负荷曲线：反映从年初到年底系统逐日（或逐月）综合最大负荷变化规律的曲线。

Lb5C3061　为什么电流互感器的二次侧不允许开路？

答：电流互感器的二次侧通常与继电器、电流表等低阻抗设备连接，如果二次侧开路，一次侧的电流就全部成为电流互感器激磁电流，使电流互感器温度明显升高，同时在二次侧产生高电压，可危及设备和人身安全，所以电流互感器的二次侧不允许开路。

Lb5C3062　简述继电保护的基本原理。

答：电力系统发生故障时，通常伴有电流增大、电压降低以及电流与电压相位角改变等现象。因此，利用这些基本参数在故障与正常运行时的差别，可构成各种不同原理的继电保护装置。例如：反映电流增大的构成过电流保护；反映电压降低（或升高）的构成低电压（或过电压）保护；反映电流与电压相位角变化的构成方向保护；反映电压与电流比值变化的构成距离保护等。

Lb5C3063　简述低压带电作业安全注意事项。

答：（1）低压带电作业应设专人监护，使用有绝缘柄的工具。工作时应站在干燥的绝缘物上进行，并戴手套和安全帽，必须穿长袖衣工作，严禁使用锉刀、金属尺和带有金属物的手刷、毛掸等工具。

（2）高低压同杆架设，在低压线路上工作时，应先检查与高压线的距离，采取防止误碰带高压设备的措施。在低压带电导体未采取绝缘措施时，工作人员不得穿越。在带电的低压配电装置上工作时，应采取措施防止相间短路。

（3）上杆前应先分清相、地线，选好工作位置。断开导线时，应先断开相线，后断开地线，搭接导线时顺序应相反。人体不得同时接触两根导线。

Lb5C3064　对于高压触电者可采取什么方法使其脱离电源？

答：（1）立即用最快的联络方法，通知有关部门拉闸停电。

（2）用相应等级的绝缘工具拉开来电侧的开关或跌落式熔断器。

（3）采用人工短路，迫使继电保护装置动作断开电源。

（4）触电者触及断落在地上的高电压导线时，救护者应穿绝缘靴，用相应等级的绝缘杆挑开导线，并将触电者带至离导线落地点 8m 以外的地方施救。

Lb5C3065　工作票的内容有哪些？

答：（1）工作人员，填写全部工作人员及工作负责人的名单；

（2）工作任务，写明需要执行的工作任务（包括工作内容及范围）；

（3）工作时间，计划工作时间、实际开始时间及工作完工时间；

（4）安全措施，列出应操作哪些电气设备，指明在何处装接临时接地线，标明应悬挂的有关标示牌。

Lb5C3066　简述无线电电力负荷控制系统中主控站数传电台的工作原理。

答：主控站无线电数传电台的工作原理：计算机送来的需要发射给用户终端的由“0”和“1”组成的数据信号，采用频率键控的方式调制成 2FSK（二进制频移键控）信号，然后再经电台的调制，倍频、功率放大后，经天线发射给用户终端。另一方面，用户终端发回的信号，经电台高频放大、混频、中放、鉴频变为 2FSK 信号，再解调还原成由“0”和“1”组成的数据信号供主控站计算机进行处理。

Lb5C3067　接收机的主要技术参数有哪些？说明其作用和定义。

答：（1）接收灵敏度：衡量接收机接收微弱信号能力的指标。

（2）音频输出功率：接收机输入标准测试信号时，接收机输出端的最大不失真音频功率。

（3）谐波失真：输出音频为额定功率时的输出音频信号失真系数。

（4）调制接收带宽：接收机接收一个比接收机灵敏度高 6dB 的输入射频信号，并加大信号频偏，使输出信噪比降到 12dB 时，这个频偏的 2 倍便定义为调制接收带宽。

（5）邻道选择性：指在相邻信道上存在已调无用信号时，接收机接收已调有用信号的能力。

（6）抗互调干扰：接收机对与有用信号有互调关系的无用信号的抑制能力。

Lb5C3068　简述无线电电力负荷控制系统中双向终端数传电台的收发过程。

答：（1）接收过程：主台发送无线调频信号，经接收机鉴频器解调后变成频率键控（2FSK）信号，然后由 FSK 解调电路还原为数据信号，经接口电路送至主控板。

（2）发送过程：主控板的数据信号经接口电路送至发射机，先由 FSK 调制电路变成频率键控（2FSK）信号，再经发射机调频电路调制成调频（FM）信号后，经功率放大器放大后，再从电台的天线发射出去。

Lb5C3069　我国对电能表的输出脉冲有何规定？

答：（1）脉冲幅值：5、12、24V，偏差不得超过 5%。

（2）脉冲宽度：10、20、40、80ms，容差为 20%。

（3）脉冲前、后沿：前沿＜1ms，后沿＜1ms。

（4）脉冲信号输出低电平：＜0.9V。

（5）输出电流：≥15mA。

（6）输出回路阻抗：80～120Ω。

Lb5C3070　发信机的主要技术参数有哪些？并说明其定义。

答：（1）载波额定功率：指无调制时馈给匹配负载的平均功率。

（2）载波频率误差：指实测发射载波频率与标称值之最大允许差值。

（3）调制频偏：指已调信号瞬时频率与载频的差值。

（4）邻道辐射功率：指发信机在额定调制状态下，总输出功率落在邻道频率接收带宽内的功率。

（5）杂散辐射：指除载波和由调制信号所决定的边带之外离散频率的辐射。

Lb5C3071　试述交流接触器的工作原理。

答：交流接触器主要是用电磁铁带动动触头与静触头闭合

和分离，实现接通和切断电路的目的。交流接触器电磁铁的线圈接于控制电路中，当线圈通电后，产生电磁吸力，使动铁芯吸合，带动动触头闭合，接通主电路。若线圈断电后，线圈的电磁吸力消失，在复位弹簧作用下，动铁芯释放，带动动触头与静触头分离、切断主电路。

Lb5C4072　什么是自动重合闸装置？为什么要加装自动重合闸装置？

答：自动重合闸装置就是当线路因故障被断开后，自动使断路器重合的一种自动装置。

根据资料和运行经验可知，输电线路的短路故障大部分是瞬时性的，如果这种瞬时性的故障经保护切除后，断路器重新合闸，就能保持对客户的供电，这对电力系统安全运行的可靠性和对客户供电的连续性有很大的好处。

Lb5C4073　简述利用可变频手持对讲机判断终端机故障的方法。

答：用一台频率为 200～250MHz 频段内的可变频的手持对讲机，将负荷控制终端的收发频率，以及各中继站收发频率分别设置于手持机内。主要作用有二：其一，到现场后可通过它作为与主台的通信联络工具；其二，可通过与终端互相通话来检查终端通信部分的工作情况。该情况有两种：① 当终端接受主台所发召测命令后，便向主台回送数据信号，这一过程通过手持机完全能监听到，而且声音清晰通信良好；② 当终端收到主台信号，但未回码，说明有可能是主板问题，检查地址码位开关是否正确。或者有回码过程，但没有监听到数码声音，可判断是调制解调器故障或电台发送故障。

Lb5C4074　三极管的输出特性分成哪三个区域？它们各自的特点是什么？

答：（1）放大区：集电极电流 i_c 的大小主要受基极电流 i_b 的控制，输出电流的变化 Δi_c 是输入电流变化量 Δi_b 的 β 倍。

（2）截止区：一般把 $i_b=0$ 时的特性曲线以下的区域称为截止区。三极管截止时 $i_c=0$，此时只有很小的穿透电流。

（3）饱和区：指输出特性几乎垂直上升的部分。此时 i_c 不受 i_b 控制，而 U_{ce} 的变化是影响 i_c 电流大小的主要原因。

Lb4C1075　通常所说的中性点、零点、中性线、零线是什么意思？

答：（1）三相电气设备按 Y 形连接时的公共点，称为中性点；

（2）中性点接地时，称为零点；

（3）由中性点引出的线，称为中性线；

（4）由零点引出的线，称为零线。

Lb4C1076　简述负荷控制中心网络系统的安装步骤。

答：（1）构建物理网络，连接网卡、网线和网桥等网络设备，并记录网卡的名称和地址等。

（2）安装服务器软件，包括 Novell（或 Win NT）环境和数据库等。

（3）安装客户机软件，包括 Windows 或 Novell 客户软件，应用程序等。

（4）用网络管理员身份登录，建立客户机注册正本，赋予各客户机相应的权限。

Lb4C1077　负荷控制终端的电源一般应具备哪些性能？

答：（1）抗干扰。

（2）稳压性能好，有过电压、过电流保护。

（3）功耗低、温升小。

（4）可靠性高。

Lb4C1078　电力负荷控制系统主站采用网络系统方式有哪些优点？

答：（1）资源共享：硬件资源共享可节约投资，如硬盘、打印机、通信设备等，软件资源共享可建立开放型数据库，使系统易于扩展、更新和后续开发，使系统所收集的数据能够得到充分利用。

（2）提高系统处理能力：多台计算机分别完成不同功能，由网络操作系统协调管理，将控制中心的任务进行模块化处理，便于软件开发、维护及计算机负荷的均衡。

（3）采用网络方式后，一个工作站的任务可以方便地转由另一个工作站完成，主机切换的技术难点较容易解决，且不会导致数据丢失。

（4）易于扩展：当需要扩展控制中心功能时，只需要增加相应工作站或网桥联网即可实现，有利于系统的进一步发展。

Lb4C2079　断路器的辅助接点有哪些用途？常开、常闭接点依据什么基础而言？

答：断路器本身所带常开、常闭接点的变换开、合位置，来接通断路器机构合闸、跳闸及控制回路和音响信号回路达到断路器断开或闭合的目的，并能正确发出音响信号，以及启动自动装置和保护的闭锁回路等。

常开、常闭接点是以断路器主触头的断开位置相对应为基础而言。

Lb4C2080　电压互感器、电流互感器的主要作用是什么？

答：（1）电压互感器是将高压变成低压，电流互感器是将大电流变成为小电流，从而使测量仪表、继电器标准化和小型化。

（2）使电气测量的二次回路与一次高电压回路隔开，以保证人身和设备安全。

（3）当回路上发生短路时，保护测量仪表的电流线圈，使之不受大电流的损坏。

Lb4C2081　无线电负荷控制使用的频率在哪个频段上？它的传播特点是什么？

答：无线电负荷控制使用的频率在 230MHz 频段，属于超短波。它的传播特点是频率高、波长短、电波沿地面传播衰减很大；向前传播遇到障碍时，绕射的能力很弱；投射至高空时，大部分将跑到宇宙空间去，它主要依靠直线传播。

Lb4C2082　简述无线电负荷控制系统的工作原理。

答：负荷控制中心是系统命令发布中心和数据采集中心，它所发出的各种控制命令和查询命令，经无线电通道直接传送到被控制终端。对单向控制终端而言，负荷控制中心可通过遥控跳闸方式，或定量控制方式控制各种电气设备；对双向控制终端，负荷控制中心可定时发出巡检命令，逐站收集客户的用电量和有功、无功电力等数据，也可发布控制命令，执行与单向控制终端相同的操作。对于一些被控区域过大或地形复杂的地区，可能还需要若干个中继站，中继站起信号中继作用，使系统控制的距离更远。

Lb4C3083　电流互感器与普通变压器相比有哪些特点？

答：（1）电流互感器二次侧所接负载阻抗很小，所以工作时相当于二次短路的变压器。

（2）由于电流互感器二次侧的匝数很多，二次闭合回路阻抗的大小对铁芯中激磁影响较大。

（3）电流互感器相当于恒流源，二次回路电流的大小，主要决定于二次绕组的内阻抗，负载阻抗可以忽略，这样才能保证电流测量的精度。

Lb4C3084　无线电波的传播方式有哪几种？无线电负荷控制的电波信号属于哪一种传播方式？有什么特点？

答：（1）无线电波按其传播方式分为天波、地波和直射波。天波就是通过大气的对流层、电离层的散射和折射进行电波传播。地波就是指沿地球表面传播的电磁波，地波的传播距离与大地的损耗密切相关，大地的损耗与频率有关，频率高损耗大，电波能量衰减也就大。因此，频率低的长波、中波主要以地波方式传播。直射波主要是指视距内传播，主要在频率较高的超短波和微波中采用。

（2）无线电负荷控制系统所使用的频率为230MHz频段，属于超短波。主要依靠直线传播。

（3）传播特点是：频率高、波长短、电波沿地面传播衰减很大；向前传播遇到障碍时，绕射的能力很弱；投射到高空时，大部分将跑到宇宙空间去。

Lb4C3085　简述负荷控制中心网络系统运行条件。

答：（1）机房应参考GB 2887—2000《电子计算机场地通用规范》的规定，温度为10～35℃，湿度为30%～80%。

（2）机房应有防尘、防静电等措施，所有设备应有良好的接地，以防止内部和外界电磁场干扰。对天线应有很好的防雷措施，以保证设备和人身安全。

（3）机房供电最好有双路进线，并备有足够容量的UPS，以防止突然失电造成数据丢失和计算机故障。

（4）计算机等设备应放在合适的位置，要求通风、散热良好，要有合适的操作台，便于操作人员能长时间地进行工作。数传电台、通信控制器和调制解调器的面板上有许多工作情况指示，应放置在操作人员便于观察的位置。

Lb4C3086　简述电（磁）场的衰落特性。

答：所谓电（磁）场的衰落特性，是指电磁波的电（磁）

场强度随距发射天线的远近不同而变化现象。这种变化表现为随着距离的不断增大，而电场强度的振幅逐渐减小。

Lb4C4087　简述继电保护中主保护、后备保护和辅助保护的定义。

答：（1）主保护：满足电力系统稳定及设备安全要求，有选择性地切除被保护设备和线路故障的保护；

（2）后备保护：主保护或断路器拒动时，用以切除故障的保护，它分为远后备和近后备两种方式。远后备是主保护或断路器拒动时，由本设备或线路的另一套保护实现后备保护。近后备是主保护拒动或断路器拒动时，由断路器失灵保护实现后备保护。

（3）辅助保护：为弥补主保护和后备保护的缺陷（如死区）而增设的简单保护。

Lb3C3088　什么是单片微型计算机？它有何优点，主要应用在哪些领域？

答：单片微型计算机简称单片机，它是将 CPU、RAM、ROM、计数/定时器及并行、串行接口等都集成在一块芯片上。由于单片机具有体积小、价格低、功能强、可靠性高等一系列优点，因而在实时控制、仪器仪表、智能终端及家用电器等领域得到广泛的应用。

Lb3C3089　简述通信规约的含义。

答：在数据传输过程中，有许多值得考虑和需要解决的问题，如信道的控制、数据的应答、信息的编码、差错控制等。所有这些问题的处理和解决，都是为了保证通信双方能够有效地进行数据传输。为此，在整个通信系统中，就要有一个统一的通信标准，即在通信的发送与接收之间，需要有一个通信双方都共同遵守的约定，将这个约定称为通信规约。

Lb3C3090　简述无线电通信的基本原理。

答：将带有信息的低频信号加载到高频振荡波上，使高频振荡波的振幅、频率或相位按低频信号的强弱而变化，然后通过天线向空中辐射。各种低频信号加载到不同频率的高频振荡波上，以区分不同的低频信号。接收端的天线把接收到的高频振荡信号送入无线电台的收信机，恢复出低频信号，从而完成信息的无线电传播。

Lb3C4091　简述负荷控制系统中用于远方抄表的RS–485接口的性能参数。

答：（1）驱动方式：平衡。

（2）最大传输距离：1200m。

（3）最大数据传输率：10Mbit/s。

（4）驱动器输出（开路）电压：±5V。

（5）驱动器输出（加载）电压：±1.5V。

（6）驱动器负载电阻：54Ω。

（7）接收器输入电压：–7～+12V。

（8）接收器输入门限：±200mV。

（9）接收器输入电阻：＞12kΩ。

Lb2C3092　简述网络操作系统的作用。

答：网络操作系统是使网络上各计算机能方便而有效地共享网络资源，为网络用户提供所需的各种服务的软件和有关规则的集合。

Lb2C4093　计算机中央处理器（CPU）由哪些单元组成？

答：中央处理器由运算器（算术逻辑单元、通用寄存器组、程序寄存器、销存器、移位器）和控制器（程序计数器、指令寄存器、指令译码器、地址译码器、微操作产生部件、时序发生器）组成。

Lb2C4094　通常将计算机系统软件分为哪六类？

答：通常将系统软件分为六类：操作系统、语言处理程序、标准程序、服务性程序、数据库管理系统及计算机网络软件。

Lb2C4095　计算机的 I/O 设备与主机之间为什么要采用接口进行连接？

答：主要有以下三方面的原因：一是输入设备大多数是机电设备，传送数据的速度远远低于主机，因而需用接口作数据缓冲；二是输入设备表示的信息与主机不同，因此，需用接口进行信息格式的转换；三是接口还可以向主机报告设备运行的状态，传达主机的命令等。

Lb2C4096　数据库系统主要由哪些部分组成？并说明本单位负荷管理系统采用何种数据库？

答：一个数据库系统是由数据、软件、硬件和人员组成的一个集合体。

（评判参考：常用关系模型数据库：Oracle Sybase Infoxmix Microsrft SQL server 和 DB2。）

Lb2C5097　在网络系统中，何谓客户/服务器（Cilent/Server）运行模式？

答：所谓客户/服务器运行模式是指：服务器检查是否有客户要求服务的请求，在满足客户的请求后将结果返回；客户（可以为一个应用程序或一个服务器）如果需要系统的服务，就发出请求服务的信息传递给服务器，服务器执行相应的操作，并将其结果通过内核返回客户。

Lb2C5098　数据库管理软件的主要目标是什么？

答：主要目标是使一个组织或企业（客户）改善它的数据资源的使用与控制，并使得在利用数据库系统进行数据处理时，具有共享性、易用性、可扩展性、数据完整性、数据安全性以及应用系统的易开发性。

Lb2C5099 什么叫同频道干扰？它在无线电负荷控制系统中有何影响？

答： 凡是其他信号源发送出来与有用信号的频率相同，并以同样的方式进入中频通带的干扰，都称为同频道干扰。

由于同频道干扰信号与有用信号同样被放大及检波，因而其结果会由于两个电台的载频差而造成差拍干扰，或者由于两个电台的调制度不同而引起失真干扰，或者由于有用信号与干扰信号的相位差而引起失真干扰，或者调制度虽然相同，但由于载频差、调制信号的相位差以及信号大小不同等因素的共同影响而造成干扰。干扰信号越大，接收机输出的信噪比越小。

Lb1C4100 中央处理器 CPU 的基本功能是什么？

答：（1）指令执行顺序的控制，即控制指令按事先规定的顺序自动地执行。

（2）指令操作的控制，即将指令解释成一组控制信号，控制执行部件按指令规定的操作运行。

（3）操作时间的控制，即对每个控制信号进行定时，以便按规定的时间顺序启动各种动作。

（4）数据的加载处理，即在上述三种控制的基础上，对数据进行各种算术或逻辑的运算处理，或将数据在各部件之间进行传送。

Lb1C4101 什么是计算机的字长？它取决于什么？字长统一了哪些部件的长度？

答： 计算机的字长，一般指参加运算的寄存器所能表示的二进制数的位数。计算机的功能设计决定了机器的字长。字长统一了寄存器、累加器、存储单元的长度。

Lb1C4102　对作为数据库服务器的硬件资源，内存和外存容量一般有何要求，为什么？

答：由于数据库系统承担数据的管理任务，它要在操作系统支持下工作，本身包含着 DBMS（数据库管理系统）例行程序、应用程序、系统缓冲区、数据表等，因此内存要求大；同时，客户数据一般要保存在外存中，且还要存储系统软件，所以对外存的容量要求也很高。

Lb1C5103　负荷控制系统主控站服务器广泛采用 Windows NT 网络操作系统，它有何特点？

答：（1）能在不同平台上运行，具有抢先式多任务、虚拟内存、对称多任务处理特性，不仅可以做文件操作系统，按需要还可做应用操作系统。

（2）支持多种网络协议，内置网络能力。

（3）具有目录服务功能。

（4）是高性能的客户/服务器应用平台，同时内置 Web Server 服务功能。

（5）具有强大的管理性，如容错性可达 READ5。

（6）具有 C2 安全级。

（7）利用域（Domain）的概念来对网络资源进行控制，以便用简单的方法来控制用户对网络的访问。

（8）用户界面友好，支持多窗口。

Lc5C1104　电力生产与电网运行应当遵循的原则是什么？

答：电力生产与电网运行应当遵循安全、优质、经济的原则。

Lc5C1105　电力供应与使用双方如何确定双方的权利和义务？

答：电力供应与使用双方应当根据平等自愿、协商一致的原则，确定双方的权利和义务。

Lc5C1106　供电营业区的划分应当考虑哪些因素？

答：供电营业区的划分，应当考虑电网的结构和供电合理性等因素。

Lc5C2107　电力发展规划的原则是什么？

答：电力发展规划应当根据国民经济和社会发展的需要制定，并纳入国民经济和社会发展计划。同时电力发展规划应当体现合理利用能源，电源与电网配套发展，提高经济效益和有利于环境保护的原则。

Lc5C2108　如何正确使用四氯化碳灭火机和干粉灭火机？

答：四氯化碳灭火机：只要打开开关，液体就可喷出。

干粉灭火机：抽出拉环，压下喷射手柄，干粉既可喷出。

Lc5C3109　在客户受送电装置上作业的电工如何申请领取营业执照？

答：在客户受送电装置上作业的电工，必须经电力管理部门考核合格，取得电力管理部门颁发的《承装（修）电力设施许可证》后，方可向工商行政管理部门申请领取营业执照。

Lc4C3110　供电方式确定的原则是什么，如何确定？

答：供电方式应当按照安全、可靠、经济、合理和便于管理的原则。由电力供应与用电双方根据国家有关规定以及电网规划、用电需求和当地供电条件等因素协商确定。

Lc4C3111　客户不得有哪些危害供电、用电安全、扰乱正常供电、用电秩序的行为？

答：（1）擅自改变用电类别。

（2）擅自超过合同约定的容量用电。

（3）擅自使用超计划分配的用电指标。

（4）擅自使用已经在供电企业办理暂停使用手续的电力设备，或者擅自启用已经被供电企业查封的电力设备。

（5）擅自迁移、更动或者擅自操作供电企业的用电计量装置、电力负荷控制装置、供电设施以及约定由供电企业调度的用户受电设备。

（6）未经供电企业许可，擅自引入、供出电源或者将自备电源自并网。

Lc4C4112　供用电合同应当具备哪些条款？

答：（1）供电方式、供电质量和供电时间。

（2）用电容量和用电地址、用电性质。

（3）计量方式和电价、电费结算方式。

（4）供用电设施维护责任的划分。

（5）合同的有效期限。

（6）违约责任。

（7）双方共同认为应当约定的其他条款。

Lc3C3113　日常营业工作内容一般包括哪几个方面？

答：（1）处理客户因自身原因造成的用电数量、性质、条件变更而需变更的用电事宜，如暂停、减容、过户、改变用电性质（类别）、改变用电方式，以及修、校、换、移、拆、装表等。

（2）迁移用电地址，临时用电、用电事故处理。

（3）接待客户来信来访，处理排解用电纠纷或对电费计收的查询以及需供电部门宣传、解释、答复的事项。

（4）因供电部门本身管理需要而开展的业务，如立户、建卡、翻卡（换卡）、定期核查、用电监察或营业普查和修改资料、协议等事宜。

（5）供电部门应客户要求提供的劳务及其费用计收。

Lc3C4114　变更用电类别有哪些？

答：（1）减少合同约定的用电容量（简称减容）。

（2）暂时停止全部或部分受电设备的用电（简称暂停）。

（3）临时更换大容量变压器（简称暂换）。

（4）迁移受电装置用电地址（简称迁址）。

（5）暂时停止用电并拆表（简称暂拆）。

Lc1C3115　简述无线电数据传输中的纠错技术和海明码纠错的基本方法。

答：（1）在数据通信中，为保证数据传输的可靠性，都要采用检错和纠错技术。在无线电力负荷控制系统中大多采用奇偶校验法，一般的做法是在发送端加入校验码，在接收端检验其是否正确。如果不正确，接收端无应答，发送端会予以重发；如果连续多次接收不成功，则丢弃该数据。

（2）海明码纠错的基本方法：在一组信息码后面紧跟一组校验码元。发送端是根据编码规则产生校验码组，接收端则根据译码规则寻找出差错的具体位置，然后自动纠正。

Lc1C5116　电气二次回路的主要有哪些部分组成，各有什么作用？

答：（1）控制回路：控制回路是由控制开关和控制对象（断路器、隔离开关）的传递机构及执行（或操作）机构组成的，其作用是对一次开关设备进行“跳”“合”闸操作。

（2）调节回路：调节回路是指调节型自动装置。它是由测量机构、传送机构、调节器和执行机构组成的，其作用是根据一次设备运行参数的变化，实时在线调节一次设备的工作状态，以满足运行要求。

（3）继电保护和自动装置回路：继电保护和自动装置回路

是由测量、比较部分、逻辑判断部分和执行部分组成的，其作用是自动判别一次设备的运行状态，在系统发生故障或异常运行时，自动跳开断路器，切除故障或发出故障信号。故障或异常运行状态消失后，快速投入断路器，恢复系统正常运行。

（4）测量回路：测量回路是由各种测量仪表及相关回路组成的，其作用是指示或记录一次设备的运行参数，以便运行人员掌握一次设备运行情况。

（5）信号回路：信号回路是由信号发送机构、传送机构和信号元件构成的，其作用是反映一、二次设备的工作状态。

（6）操作电源系统：操作电源系统是由电源设备和供电网络组成的，它包括直流和交流电源系统。其作用是供给上述各回路工作电源。

Jd5C1117　常见的半导体整流电路有哪几种？

答：（1）单相半波整流电路。

（2）单相全波整流电路。

（3）单相桥式整流电路。

（4）三相桥式整流电路。

Jd5C1118　晶体二极管的最主要的两个参数是什么？这两个参数的意义是什么？

答：（1）最大整流电流：是指长期使用时，允许流过晶体二极管的最大正向电流。

（2）最高反向工作电压：是指晶体二极管所能承受的反向电压最大值。

Jd5C2119　摇测二次回路的绝缘电阻标准是什么？

答：其绝缘电阻标准：运行中的不低于 1MΩ；新投入的室内不低于 20MΩ，室外不低于 10MΩ。

Jd5C2120　简述电阻的色环标示法（四色环）。

答：第一色环表示该电阻值的第一位有效数值，第二色环表示该电阻值的第二位有效数值，第三色环表示前两位有效数值后面零的位数（即 10 的幂数），第四色环表示该电阻的误差率。

Jd5C2121　为什么在测二极管的正向电阻时，用 $R\times1$ 档测出的阻值小？用 $R\times100$ 档测出的阻值大？

答：由于二极管的电压和电流不是正比关系，所以当不同的电流通过管子时，管子两端的电压和电流的比值（就是测出的阻值）不同。用 $R\times1$ 档测时，通过管子的电流较大，用 $R\times100$ 档测时，通过管子的电流较小，电表的读数相当于 U/I。

Jd5C4122　从二极管的结构来分，主要有哪两种类型的二极管，并分别说明各自的特点和主要应用到哪些电路？

答：主要有点接触型和面接触型两种类型的二极管。

（1）点接触型二极管的特点是：PN 结的面积小，因而不允许通过较大的电流，但是因为它们的结电容较小，可以在高频下工作，适用于检波和小功率的整流电路。

（2）面接触型二极管的特点是：由于 PN 结的面积大，故允许流过较大的电流，但只能在较低频率下工作，可用于整流电路。

Jd4C1123　什么叫逻辑门电路？最基本的门电路有哪些？

答：实现基本和常用逻辑运算的电子电路，叫逻辑门电路。最基本的门电路有“与门”、“或门”和“非门”电路。

Jd4C1124　COMS 电路在使用中应注意什么问题？

答：（1）注意输入端的静电防护。

（2）注意输入回路的过流保护。

（3）注意电源电压极性，防止输出端短路。

Je5C1125　无线电电力负荷控制系统天线采用何种极化方式？安装时应注意什么？

答：无线电电力负荷控制系统天线采用垂直极化方式。

安装天线时，必须使天线振子与地面垂直，不允许倾斜，水平放置会造成通信恶化。

Je5C1126　简述负荷控制终端的安装步骤。

答：（1）测试电场。

（2）选择终端安装位置。

（3）连接终端与配电二次回路的仪表设备。

（4）空载联机调试检查。

（5）连接客户受控开关，正式投入运行。

Je5C2127　确定无线电负荷控制终端天线位置时应注意什么？

答：（1）尽量靠近终端安装处，使天线馈线电缆尽量短，以减少损耗，降低造价。

（2）尽量避开周围高大建筑物。

（3）尽量远离干扰源。

（4）定向天线应尽量选择避开电波传播路径上的障碍物。

（5）安装方便、简单、安全、美观。

（6）尽量利用原有建筑物，以降低天线杆塔高度。

Je5C2128　简述电气安装接线图的相对编号法。

答：在安装接线图中，如果有两个设备的接线端子需要连接起来，那么在甲设备的接线端子上，标出乙设备的接线端子的编号，同时，在乙设备该接线端子上标出甲设备接线端子的编号，即两个接线端子的编号相对应。这表明甲乙两设备的相应接线端子应该连接起来。

Je5C2129　终端维护中应注意哪些问题？

答：（1）了解故障的现象和观察故障现场情况。

（2）在加电后观察电源、主板、电台，若有异常声音和气味或烟雾时，应立刻切断总电源，找出故障点。

（3）应绝对禁止带电（即开机状态下）插、拔电缆连线、主控板或电台。

（4）在维护过程中，不要用力扳拧终端内机械部分，防止变形、电路板断裂或电缆插头脱焊等，切忌螺钉或焊锡掉入主板。

Je5C2130　简述负荷控制设备检查的对比法。

答：对比法又叫交叉法，该方法是借助另一完好的部件去置换可能已经出现故障的部件，从而迅速、准确地判断故障部件。

Je5C3131　简述负荷控制设备检查的逐次减载或加载检查法。

答：该方法尤其适合于维修电源部分。当发现终端的电源输出不正常时，可采取每拔取一个插头或切断某一个回路后观察测量故障有无消失或变化的方法。如某一步骤故障消失，说明被断掉的相应部件有问题或相应电源有故障，也可循此方法的相反过程对部件进行逐一检查。

Je4C2132　负荷控制中心主站数传电台安装时应注意什么？

答：（1）数传电台因其有较大的功率耗散，一般应安装在易于通风和散热的环境。

（2）天线架设应尽量靠近电台，使天馈线电缆尽量短，以减少信号损耗。

（3）天线架设应能覆盖其通信服务范围。

（4）天线必须要有可靠的防雷和接地措施。

Je4C2133　简述双向终端开通调试的步骤。

答：（1）检查天线、馈线及终端接线正确后接通电源。

（2）终端自检正常。

（3）设置中继站地址码、设置终端地址编码。

（4）检查电台正常工作后，可与主台通信，对时、确定参数并核实。

（5）检查遥测。

（6）检查遥信。

（7）检查遥控。

（8）改变定值进行本地功控和电控试验。

Je4C2134　负荷控制主控站计算机网络系统按功能可分为哪几种方式，各有什么特点？

答：（1）对等方式：网内计算机都处于平等的地位。

（2）主从方式：由一个主机和多个从机组成，其节点通信受主机严格控制。

（3）客户机/服务器方式：需要处理的任务被分为两个部分，并在网络的客房机和主机中分别执行。通常服务器在网络中为所有客房机提供文件管理和数据服务。

Je4C4135　简述负荷控制系统的误码率及测量方法。

答：（1）误码率是指数据在传输过程中出现差错的概率。

（2）测量方法如下：

1）按要求连接测量系统。

2）按要求的波特率和码型设置误码仪。

3）按误码仪的“启动/停止”键启动测试。

4）测试 t 时间后，按“启动/停止”键停止测试。

5）读出码总数，由下式计算误码率

$$P_{e} = t\text{时间内误码总数}/\text{波特率} \times \text{时间 } t\ (s)$$

Je3C5136　何谓接收机可用灵敏度？如何测量？

答：（1）在标准实验条件下，接收机输出端得到的信纳比为12dB，输出功率不小于额定音频输出功率的50%，接收机所需要的最小的、经标准实验调制的、来自标准输入信号源的射频输入信号电压数值，以μV，dBμV为单位。

（2）测量方法如下：

1）按要求连接测试系统。

2）接收机静噪控制处于不控位置。

3）接收机输入端加一标准输入信号。

4）调节音量电位器直至获得额定音频输出功率。

5）调节输入信号电平，直至接收机输出的信纳比为12dB，记下此时的输入信号电平值。

6）如果此时的音频输出功率不小于额定音频输出的50%，则上一步所记下的输入电平值，即为该机的可用灵敏度。

7）如果此时的音频输出功率小于额定音频输出的 50%，则应增加输入信号的电平值，直至获得额定音频输出功率的50%，此时记下的输入电平值即为该机的可用灵敏度。

Jf5C2137　怎样使触电的人迅速脱离电源？

答：（1）立即断开近处的电源开关或拔去电源插头。

（2）用相应等级的绝缘工具迅速切断电源导线。

（3）用干燥的衣服、手套、绳索、木板、木棒等绝缘物，拉开触电者或挑开导线。

Jf5C2138　按造成触电电源形式的不同，把触电分为哪几类？

答：（1）直接触电。

（2）接触电压或跨步电压触电。

（3）感应电压触电。

（4）剩余电荷触电。

（5）静电触电。

Jf5C3139　简述二氧化碳灭火机的保管方法。

答：（1）置于取用方便的地方。

（2）注意使用期限。

（3）防止喷嘴堵塞。

（4）冬季防冻，夏季防晒。

（5）每月测量一次，当质量小于原重90%时应充气。

Lb1C4140　简述负荷预测的内容。

答：负荷预测主要分为电量预测和负荷预测。电量预测包括全社会电量、网供电量、各行业电量、各产业电量；负荷预测包括最大负荷、最小负荷、峰谷差、负荷率、负荷曲线等。他们的预报内容包括年度预测、月度预测和日度预测。

Lb1C5141　传统电力负荷预测技术包括哪些方法？

答：传统电力负荷预测技术包括经验预测技术和经典预测技术。经验预测技术主要是依靠专家的判断进行预测，这种预测技术可以判断出电力需求变化的趋势，包括专家预测法、类比法和主观概率法等。经典预测技术主要是指电力需求预测的经典方法，包括单耗法、电力弹性系数法和负荷密度法等。

Lb1C4142　简述电力负荷预测技术中的负荷密度法。

答：负荷密度法是依据预测地区的人口或土地面积的单位平均需电量与总人口或总土地面积进行预测的一种预测方法。计算公式是 $W=RP$。式中，W 为需电量的预测值，R 为该地区总人口数或总土地面积数，P 为平均每人或每平方面积的需电量。

Lc1C3143　简述电力系统无功不平衡的危害。

答：电力系统无功不平衡，即电力系统的无功电源总和与系统的无功负荷总和不相等，引起系统电压的变化。

系统的无功功率不足会引起系统或地区电压的下降。其后果是系统有功功率不能充分利用，影响客户的用电，损坏客户设备，使客户产品质量下降，严重时甚至能导致电网电压崩溃和大面积停电事故。

系统的无功功率过剩会引起电压的过分升高，影响系统和客户用电设备的运行安全，同时增加电能的损耗。

Lc1C5144　什么是电力需求侧管理？其作用是什么？

答：电力需求侧管理（DMS）又称为电力需求方管理或负荷管理，是指电力公司采用有效的激励和诱导措施以及适宜的运作方式，与客户共同协力提高终端用电效率，改变用电方式，为减小电量消耗和电力需求所进行的管理活动。

电力需求侧管理的作用是：

（1）改善电网的负荷特性，提高用电负荷率；

（2）降低电力客户的用电成本，减小电费支出；

（3）有利于扩大用电需求，开拓电力市场；

（4）减小污染排放，提高人民的生活质量。

Lc1C5145　什么是电力需求侧管理的技术手段？

答：电力需求侧管理的技术手段是指针对具体的管理对象，以及生产工艺和生产习惯的用电特点，采用先进的管理技术、节电技术及相应设备，改变用电负荷特性，提高用电效率。常用的技术手段主要包括改变客户的用电方式和提高终端用电效率两个方面，这些可以通过电力负荷管理系统直接对客户进行管理。

Lb1C2146　什么是多功能电能表？

答：由单一测量机构、数据处理单元、通信接口及其他功能部件组成并包封在一个表壳内，除计量并显示有功电能、无功电能外，还具有分时计量、测量最大需量等两种以上功能，并存储和输出数据的电能表。

Lb1C2147　简述计算机网络的定义及构成。

答：计算机网络是利用通信设备和线路将分布在不同地点、功能独立的多个计算机系统互联起来，有功能完善的网络软件，实现网络中资源共享和信息传递的系统。一个计算机网络由通信子网和资源子网构成。

Lb1C1148　局域网的拓扑结构有哪些？

答：局域网的拓扑结构有总线型、环形、星形和树形4种拓扑结构。

Lb1C2149　简述总线型拓扑结构局域网的优缺点。

答：总线型拓扑结构局域网具有结构简单、易于连接、易于维护、易于扩展、可靠性好等优点，但这种结构也具有故障诊断困难、对网路终端要求较高的缺点。

Lb1C3150　简述数据通信中单工、半双工和全双工通信的定义。

答：在通信过程中，通信的双方只有一方可以发送信息，另一方只能进行接收，叫做单工通信；如果双方都可以发送数据，但在某一瞬间只能有一方发送而另一方进行接收，叫做半双工通信；如果双方都可以同时发送数据又可以同时接收数据，则叫做全双工通信。

Lb1C2151　什么叫线电压和相电压？

答：（1）在交流电路中，每相与零线之间的电压称为相电压；
（2）在三相交流电路中，相与相之间的电压称为线电压。

Ld1C1152　何谓电能表的倍率？

答：由于电能表的结构不同，接线方式不同或采用不同变比的互感器，使电能表计数器的读数需乘以一个系数，才是电路中真正消耗的电能数，这个系数称为电能表的倍率。

Lb1C2153　电力负荷管理系统的应用目的是什么？

答：电力负荷管理系统的应用是为制定用电侧管理方案，分析负荷结构，提高负荷预测水平提供依据，为落实用电高峰期“错峰”、“避峰”、“限电”提供技术支持，促进政府、供电企业、用电客户共同实施有序用电及能效管理。

Ld1C1154　BCD码是什么？十进制数“9”的BCD数据如何表示？

答：BCD码用二进制数来表示十进制数的表示方法，也就是将十进制的数字转化为二进制，每一个十进制的数字0～9都对应着一个四位的二进制码。十进制数“9”的BCD码表示为“1001”。

Lb1C2155　多功能电能表常用的通讯方式有哪几种？

答：（1）近红外通信，即接触式光学接口方式；
（2）远红外通信，即调制型红外光接口方式；
（3）RS–485通信，即RS–485标准串行电气接口方式；
（4）无线通信，如GPRS、GSM、CDMA等通过无线网络的通信方式。

Lc1C2156　为什么要对电力负荷控制终端进行静电放电抗扰度试验？

答：静电问题与环境条件和使用场合有关。静电电荷尤其可能在干燥与使用人造纤维的环境中产生。静电放电则发生在带静电电荷的人体或物体的接触或靠近正常工作的电子设备的过程中，使设备中的敏感元件造成误动作，严重时甚至引起损坏。对电力负荷控制终端进行静止放电抗扰度试验可以用来模拟操作人员或物体在接触终端时的放电及人或物体对邻近物体的放电，以评价终端抵抗静电放电干扰的能力。

La1C2157　我国电力系统中性点接地方式有哪几种？它们各有什么特点？

答：中性点接地可分为两类三种接地方式，即直接接地和不接地两类，不接地方式包括中性点不接地和中性点经消弧线圈（电阻）接地方式。

中性点直接接地系统供电可靠性较不接地系统差，这是因为一旦系统内出现另一接地故障点时，即构成短路回路，短路电流很大。一般在 110kV 及以上系统内采用。

不接地系统供电可靠性高，但对设备和线路的绝缘水平的要求也高，一般在 35kV 及以下系统内采用经消弧线圈或电阻接地方式。低压系统一般采用中性点接地，只有特殊需要时才采用不接地方式。

Lc1C3158　RS–485 接口芯片在使用时应注意哪些事项？

答：（1）RS–485 接口芯片在使用、焊接或设备运输途中有可能受到静电冲击而损坏，或遭致雷电袭击，选用抗静电或抗雷击芯片可有效避免此类损失。

（2）为防止信号在传输过程中，有效信号和无效信号相互迭加而影响通信，应选用驱动器为限斜率方式设计的芯片。

（3）选用带故障保护的芯片，它会在总线开路、短路和空闲情况下，使接收器输出为高电平，保障通信。

（4）可在软件上作一些处理，使所有节点的接收器产生高电平输出，从而避免通信异常。

（5）将系统电源和 RS–485 收发器的电源隔离。

Lb1C2159　简述功率定值闭环控制的一般要求。

答：功率定值闭环控制根据控制参数不同分为时段功控、厂休功控、营业报停功控和当前功率下浮控等控制类型。控制的优先级由高到低是当前功率下浮控、营业报停功控、厂休功控、时段功控。若多种功率控制类型同时投入，只执行优先级最高的功率控制类型。在参数设置、控制投入或解除以及控制执行时应有音响（或语音）告警通知客户。各类功率控制定值先要和保安定值比较，如大于保安定值就按功率控制定值执行，小于保安定值就按保安定值执行。

Lb1C2160　简述时段功控的控制过程。

答：（1）主站依次向终端下发功控时段、功率定值、定值浮动系数、告警时间、控制轮次等参数，终端收到这些命令后设置相应参数。

（2）主站向终端下发时段功控投入命令，终端收到该命令后显示“时段功控投入”状态，当不在保电状态时，终端在功控时段内监测实时功率，自动执行功率定值闭环控制功能。闭环控制过程中应在显示屏上显示定值、控制对象、执行结果等。

（3）控制时段结束或时段功控解除后，应有音响（或语音）通知客户，允许客户合上由于时段功控引起的跳闸开关。

Lb1C2161　简述负控终端的参数设置和查询功能包含哪些内容。

答：负控终端的参数设置和查询功能包含时钟召测和对时、TA/TV 变比及电能表脉冲常数、限值参数、功率控制参数、电能量控制参数、终端参数、抄表参数和费率时段参数等。

Lb5C1162　DL/T 698—2009《电能信息采集与管理系统》中对主站数据采集成功率是如何定义的？

答：一次数据采集成功率指在特定时刻对系统内指定数据采集点集合（如不同类型用户）的特定数据（如总功率和电能量）一次采集的成功率，即

$$一次数据采集成功率=\frac{一次采集成功的数据总数}{应采集的数据总数}\times 100\%$$

Lb5C1163　DL/T 698—2009《电能信息采集与管理系统》中对主站周期数据采集成功率是如何定义的？

答：周期数据采集成功率指在指定时间段内（如1天）按系统日常运行设定的周期采集系统内数据采集点数据的采集成功率，即

$$周期数据采集成功率=\frac{1天内采集成功的数据总数}{1天内应采集的数据总数}\times 100\%$$

Lb5C2164　DL/T 698—2009《电能信息采集与管理系统》中对要求主站采集的数据有哪些？

答：（1）电能数据：当前和冻结电能示值、最大需量等；

（2）交直流模拟量：电压、电流、有功功率、无功功率、功率因数、谐波等；

（3）状态量：开关状态、终端及计量设备工况信息；

（4）电能质量统计数据：电压、功率因数、谐波、频率等越限统计数据；

（5）事件记录数据：终端和表计记录的事件记录数据。

Lb5C2165　DL/T 698—2009《电能信息采集与管理系统》中规定主站采集的数据有哪些方式？

答：（1）定时自动采集。

（2）典型日数据采集。

（3）随机召测数据。

（4）主动上报数据。

Lb5C3166　DL/T 698—2009《电能信息采集与管理系统》中终端设备是如何分类的？

答：终端设备按应用场合分为厂站采集终端、专变采集终端、公变采集终端、低压集中抄表终端。按功能又分为有控制功能和无控制功能两大类。按通信信道分为230 MHz专用无线网、无线公网（GSM/GPRS、CDMA 等）、电力线载波、有线网络、公共交换电话网以及其他信道。

Lb5C1167　DL/T 698—2009《电能信息采集与管理系统》中终端设备上行信道是如何分类的？

答：分为230MHz专网、无线G网、无线C网、微功率无线、电力线载波、有线网络、公共交换电话网等。

Lb5C3168　DL/T 698—2009《电能信息采集与管理系统》中对终端设备的数据传输误码率是如何要求的？

答：专用无线、电力线载波信道数据传输误码率应不大于10^{-5}，微波信道数据传输误码率应不大于 10^{-6}，光纤信道数据传输误码率应不大于10^{-9}，其他信道的数据传输误码率应符合相关标准要求。

Lb5C3169　DL/T 698—2009《电能信息采集与管理系统》中对终端设备的本地通信接口的一般要求是什么？

答：至少2路本地通信接口，其中1路应作为RS–485电能表接口，应采用光电隔离等措施与内部电路电气隔离。传输速率可选用600、1200、2400bit/s或以上。

Lb5C3170　DL/T 698—2009《电能信息采集与管理系统》

中对终端设备 RS–485 输出端子的抗干扰能力是如何要求的？

答：（1）8kV 静电接触放电无损坏。

（2）与电源端子间承受 4000V 的冲击电压试验无损坏。

（3）A、B 端子间承受 380V 的交流电压历时 5min 无损坏。

（4）1kV 电瞬变快速脉冲群耦合至通信线路能正常通信。

Lb5C3171　DL/T 698—2009《电能信息采集与管理系统》中对 **230M** 无线电信道终端设备接收机电性能是如何要求的？

答：（1）参考灵敏度：≤1μV（正常和极限工作温度）。

（2）邻道选择性（±25kHz）：≥70dB。

（3）杂散响应抗扰性：≥65dB。

（4）互调抗扰性：≥65dB。

Lb5C3172　DL/T 698—2009《电能信息采集与管理系统》中对 **230M** 无线电信道终端设备发射机电性能是如何要求的？

答：（1）输出载波功率：一般为 5～10W，特殊需要时不大于 25W。

（2）载波频率误差：在 $\pm 7\times10^{-6}$ 范围内（正常和极限工作温度）。

（3）发射频偏：≤5kHz。

（4）杂散射频分量：≤10μW（25W 电台≤ –65dB）。

（5）启动时间：≤30ms。

4.1.4 计算题

La5D1001 一台星形连接的三相电动机，接到相电压 U_{ph} 为 220V 的三相电源上，每相电流 I_{ph} 是 10A，电动机的功率因数 $\cos\varphi$ 为 0.72，试求电动机的有功功率 P 和无功功率 Q。

解：三相电动机自电源的取用的有功功率为

$P=3U_{ph}I_{ph}\cos\varphi=3\times220\times10\times0.72=4752$（W）=4.752（kW）

$\varphi=\arctan0.72=43.95°$

$\sin\varphi=0.69$

此时，$Q=3U_{ph}I_{ph}\sin\varphi=3\times220\times10\times0.69=4554$（var）= 4.554（kvar）

答：电动机的有功功率为 4.752kW，无功功率为 4.554kvar。

La5D3002 某一直流负载电阻 R_L 为 1.5kΩ，要求工作电流 I_L 为 10mA，如果采用半波整流电路，试求整流变压器二次电压值 U_2，并选择适当的整流二极管。

解：因为 $U_L=R_LI_L=1.5\times10^3\times10\times10^{-3}=15$（V）

所以 $U_2=\dfrac{1}{0.45}U_L=\dfrac{15}{0.45}=33$（V）

流出二极管的平均电流 $I_{av}=I_L=10$（mA）

二极管承受的最大反向电压 $U_{RM}=\sqrt{2}\,U_2=1.41\times33\approx47$（V）

答：根据以上参数，查晶体管手册，可选一只额定整流为 100mA，最高反向工作电压为 50V 的 2CZB2B 型整流二极管。

La5D3003 图 D-1 单级小信号放大电路中 $U_b=6V$，$R_b=200k\Omega$，$R_c=2k\Omega$，$\beta=50$，试估算放大电路的静态工作点。

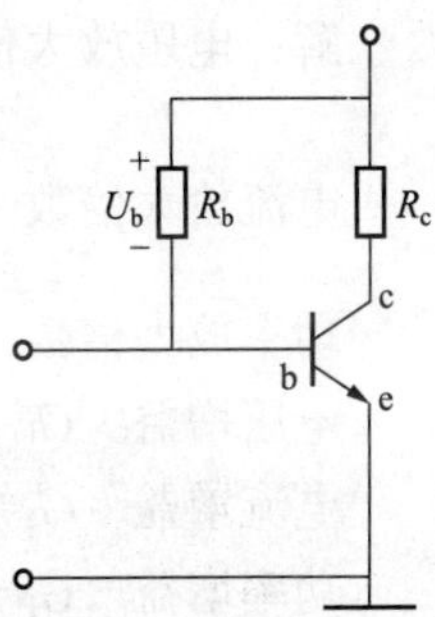

图 D-1

解：（1）计算 I_{bQ}，根据公式求静态基极电流

$$I_{bQ}=\frac{U_b}{R_b}=\frac{6}{200}=0.03\text{（mA）}$$

（2）计算 I_{cQ}，根据公式求静态集电极电流

$$I_{cQ}\approx\beta I_{bQ}=50\times0.03=1.5\text{（mA）}$$

（3）计算 U_{ceQ}，根据公式得静态集电极电压

$$U_{ceQ}=U_b-I_{cQ}R_c=6-1.5\times2=3\text{（V）}$$

答：放大电路的工作点 I_{bQ} 为 0.03mA，I_{cQ} 为 1.5mA，U_{ceQ} 为 3V。

La5D3004 某人设计一个单相全波整流电路，要求输出电压 U_L 为 120V，I_L 电流为 3A，试求整流变压器每个二次绕组的电压。

解：根据公式 $U_2\approx1.11U_L$

$$U_2=1.11\times120\approx133\text{（V）}$$

答：二次绕组电压为 133V。

La5D4005 某一交流放大电路的输入、输出电量的有效值分别是输入电压 U_i 为 100mV，输入电流 I_i 为 0.1mA，输出电压 U_o 为 1V，输出电流 I_o 为 10mA，求该电路的电压、电流放大倍数 A_UA_I，功率放大倍数 A_P 及相应增益 G_U、G_I、G_P。

解：电压放大倍数 $A_U=\dfrac{U_o}{U_i}=\dfrac{1}{0.1}=10$

电流放大倍数 $A_I=\dfrac{I_o}{I_i}=\dfrac{10}{0.1}=100$

功率放大倍数 $A_P=A_UA_I=10\times100=1000$

电压增益 $G_U=20\lg A_U=20\lg10=20$（dB）

电流增益 $G_I=20\lg A_i=20\lg100=40$（dB）

功率增益 $G_P=10\lg A_P=10\lg1000=30$（dB）

答：电压电流放大倍数分别为 10 和 100，功率放大倍数为

1000，电流、电压、功率增益分别为20、40、30dB。

La5D5006 在图D-2中，设V为硅二极管，求 U_{AB} 分别为+14、-14、0V时的二极管两端流出二极管的电流 I。

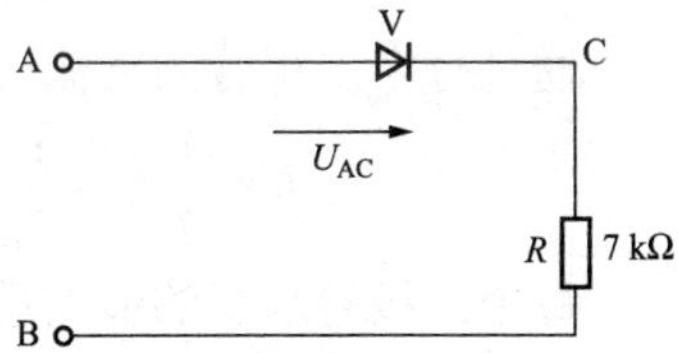

图 D-2

解：（1）当 $U_{AB}=+14V$ 时，硅二级管正偏导通，它两端的电压为 $U_{AC}=0.7V$（正向压降）。流出二极管的电流

$$I=\frac{U_{AB}-U_{AC}}{R}=\frac{14-0.7}{7\times10^3}=1.9\text{（mA）}$$

（2）当 $U_{AB}=-14V$，硅二极管反偏截止它两端的电压 $U_{AC}=-14V$，流出二极管电流近似为零。

（3）当 $U_{AB}=0V$ 时，二极管两端电压 $U_{AC}=0V$，流出二极管的电流为零。

答： U_{AB} 为+14、-14、0V时，二极管的电流分别为1.9mA和零。

La5D5007 在桥式整流电容滤波电路中，若负载电阻 R_L 为240Ω，输出直流电压 U_L 为24V，试确定电源变压器二次电压，并选择整流二极管和滤波电容（滤波电容器容量表见表D-1）。

表 D-1　　滤波电容器容量表

输出电流 I_L（A）	2	1	0.5～1	0.1～0.5	0.05～0.14	0.05以下
电容器容量 C（μF）	4000	2000	1000	500	200～500	200

注　此为全波（桥式）整流电容滤波输出电压 $U_L=12～36V$ 时参考值。

解：（1）电源变压器二次电压为 U_2

因 $U_L\approx1.2U_2$，所以 $U_2=\frac{U_L}{1.2}=\frac{24}{1.2}=20$（V）

（2）整流二极管的选择

因 $I_L = \frac{U_L}{R_L}$，所以 $I_L = \frac{24}{240} = 0.1$（A）

通过每个二极管的直流电流

$$I_F = \frac{1}{2} I_L = \frac{1}{2} \times 0.1 = 50 \text{（mA）}$$

每个二极管承受的最大反向电压

$$U_{RM} = \sqrt{2} U_2 = 1.41 \times 20 = 28 \text{（V）}$$

（3）根据表 D-1 滤波电容选择：因 $I_L = 0.1A$，可用 500μF 电解电容器，其耐压根据公式 $U_C \geqslant \sqrt{2} U_2 = 28V$

答：电源变压器的二次电压为 20V。选择正向电流为 100mA，最大反向电压为 100V 的整流二极管。选容量为 500μF，耐压为 50V 的电解容器。

La4D2008 额定电压为 220V 的 60W 灯泡一只，接在 210V 电路中，若每天开灯 3h，问一个月（30 天）少消耗电能多少？

解：已知额定电压 $U = 220V$，$P = 60W$，电源电压 $U_1 = 210V$，使用时间 $T = 3 \times 30 = 90h$。

（1）灯泡在额定电压时，消耗的电能为

$$W = PT = 60 \times 10^{-3} \times 90 = 5.4 \text{（kWh）}$$

（2）灯泡的电阻为

$$R = U^2/P = 220^2/60 = 807 \text{（Ω）}$$

（3）电源电压 $U_1 = 210V$ 时

$$I = \frac{U_1}{R} = \frac{210}{807} = 0.26 \text{（A）}$$

（4）故一个月消耗电能为

$$W_1 = IU_1T = 0.26 \times 210 \times 90 = 4.9 \text{（kWh）}$$

少消耗电能为 5.4 − 4.9 = 0.5kWh

答：一个月少消耗电能 0.5kWh。

La4D3009　有一电桥电路，如图D-3所示，图中$R_1=200\Omega$，$R_2=400\Omega$，$R_3=200\Omega$，$R_4=100\Omega$，电源电动势$E=60V$，试求各臂电阻中所通过的电流为多大？

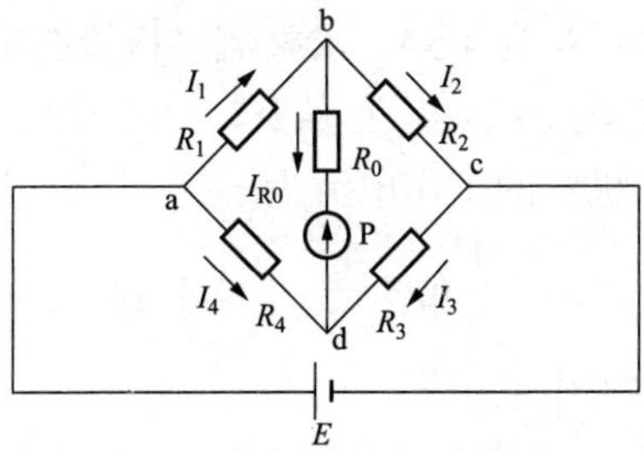

图D-3

解：由已知得

（1）$R_1 \times R_3 = 200 \times 200 = 40\ 000$　　（1）

$R_2 \times R_4 = 400 \times 100 = 40\ 000$　　（2）

由式（1）、式（2）得知

$$R_1 \times R_3 = R_2 \times R_4$$

（2）电桥平衡，则b点和d点的电位相等，流过检流计P的电流为零，$I_{R0}=0$。

（3）可将bd支路断开，使电路变成各臂电阻的串，并联电路，则各臂电流可计算为

$$I_1 = I_2 = E/(R_1+R_2) = 60/(200+400) = 0.1\text{（A）}$$

$$I_3 = I_4 = E/(R_3+R_4) = 60/(200+100) = 0.2\text{（A）}$$

答：I_1、I_2为0.1A，I_3、I_4为0.2A。

La4D3010　一个$U=220V$的中间继电器，线圈电阻R_1为6.8Ω。运行时需串入R_2为2kΩ的电阻，试计算该电阻的功率。

解：串入电阻回路的电流为$I=U/(R_1+R_2)=220/(6.8+2000)=0.11$（A）

电阻所消耗的功率　$P=I^2R=0.11^2 \times 2000=24.2$（W）

答：该电阻至少需用24.2W的功率，为了可靠起见应选用

30W 的电阻。

La4D4011 一直流电源采用三相全波整流，输出电压 U_L 为 60V，负载电流 I_L 为 4.5A，求整流二极管的实际工作电流 I_F 和最高反向工作电压 U_{RM} 各为多少？

解：整流二极管的工作电流为

$$I_F = \frac{1}{3}I_L = \frac{4.5}{3} = 1.5\text{（A）}$$

最高反向的工作电压为

$$U_{RM} = 1.05U_L = 1.05 \times 60 = 63\text{（V）}$$

答：二极管的实际工作电流为 1.5A，最高反向工作电压为 63V。

La4D5012 利用图 D-4 中某晶体三极管输出特性曲线簇，计算 $U_{CE} = 10V$ 时：

（1）该三极管在 B 点处的 h_{EF} 值；

（2）由 A 和 B 两点有关数值，计算该三极管的β值。

解：在图中，$U_{CE} = 10V$ 处的垂线与 $I_B = 0.45mA$ 曲线交于 B 点，与 $I_B = 0.30mA$ 曲线交于 A 点。

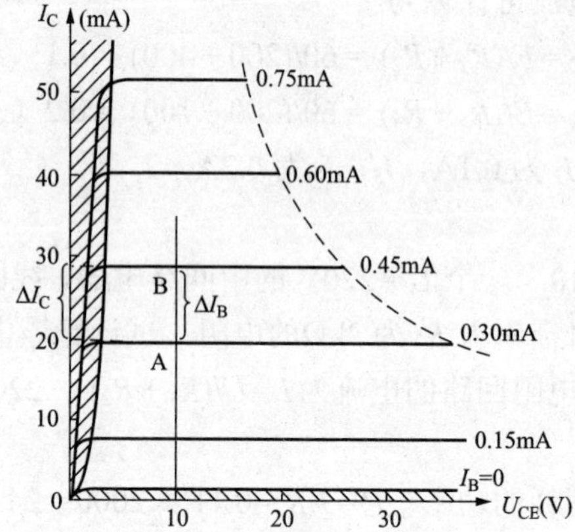

图 D-4

(1)在 B 点处，$I_B = 0.45mA$，$I_C \approx 30mA$，所以 $h_{FE} = \dfrac{I_C}{I_B} = \dfrac{30}{0.45} \approx 67$

(2) 在 A 点处，$I_B = 0.30mA$，$I_C \approx 20mA$，由 A 点和 B 点得

$$\Delta I_B = 0.45 - 0.30 = 0.15\text{（mA）}$$

$$\Delta I_C = 30 - 20 = 10\text{（mA）}$$

所以 $$\beta = \frac{\Delta I_C}{\Delta I_B} = \frac{10}{0.15} = 67$$

答：该三极管的 β 值为 67。

La3D2013 已知图 D-5 中，R、L、C 串联电路，图中 $R = 2\Omega$，$L = 540mH$，$C = 20\mu F$，试求电路的阻抗和阻抗角。

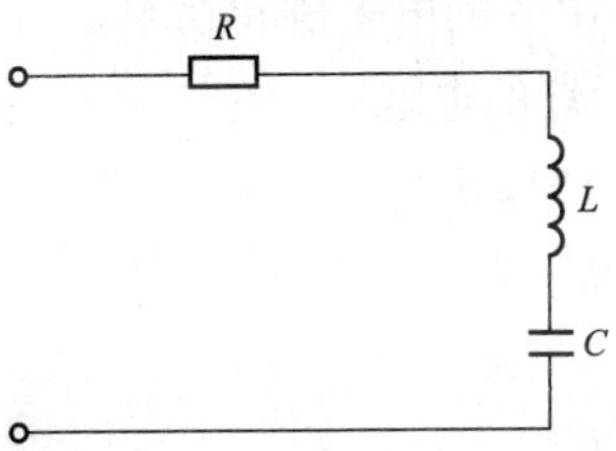

图 D-5

解：由已知条件得

(1) $X_L = 2\pi fL = 2 \times 3.14 \times 50 \times 540 \times 10^{-3} = 169.56\text{（}\Omega\text{）}$

(2) $X_C = 1/(2\pi fC) = 1/(2 \times 3.14 \times 50 \times 20 \times 10^{-6}) = 159.24\text{（}\Omega\text{）}$

(3) $Z = \sqrt{R^2 + (X_L - X_C)^2} = \sqrt{2^2 + (169.56 - 159.24)^2} = 10.5\text{（}\Omega\text{）}$

功率因数

(4) $\cos\varphi = R/Z = 2/10.5 = 0.19$

(5) 阻抗角 $\varphi = 79°$

答：阻抗是 10.5Ω，阻抗角为 79°。

La3D3014 电路如图 D-6 所示，已知 $R_1 = 6\Omega$，$R_2 = 4\Omega$，电压表 PV 的读数 U 为 3.6V，电池的内阻 $r = 0.4\Omega$，试求电流表的读数 I 应为

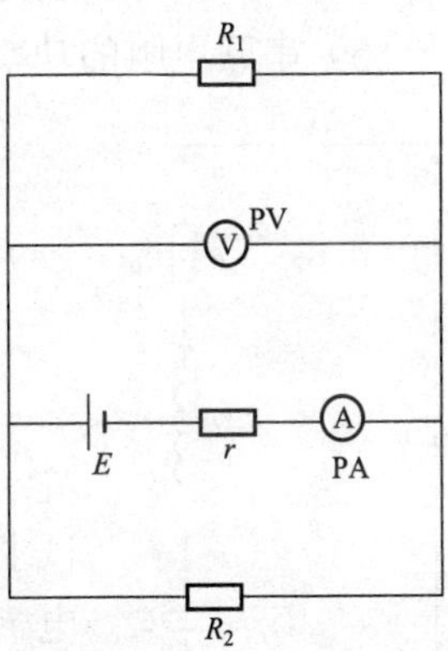

图 D-6

多少？电源的电动势 E 为多少？

解: 已知 $R_1=6\Omega, R_2=4\Omega$，端电压 $U=3.6\text{V}$，内电阻 $r=0.4\Omega$

（1）R_1 和 R_2 并联的等效电阻 $R=R_1R_2/(R_1+R_2)=6\times4/(6+4)=2.4$（Ω）

则 $$I=U/R=3.6/2.4=1.5\text{（A）}$$

根据基尔霍夫第二定律，得

（2）$E=(R+r)I=(2.4+0.4)\times1.5=4.2$（V）

答: 安培计的读数为 1.5A，电池的电动势为 4.2V。

La2D2015 一只 U 为 110V，P 为 8W 的指示灯，若将它接到 380V 的电源上使用，试计算应串联的电阻值和功率。

解:（1）由已知条件计算出指示灯的电阻为

$$R=U^2/P=110\times110/8=1512.5\text{（Ω）}$$

（2）设被串联电阻为 R_1，其端电压为 U_1，所以

$$U_1=380-110=270\text{（V）}$$

（3）指示灯和串联电阻的电流为

$$I=P/U=8/110=0.073\text{（A）}$$

（4）串联电阻

$$R_1=U_1/I=270/0.073=3712.5\text{（Ω）}$$

（5）串联电阻的功率为

$$P_1=U_1I=270\times0.073=19.71\text{（W）}$$

答: 应串联的电阻值为 3712.5Ω、功率为 19.71W。

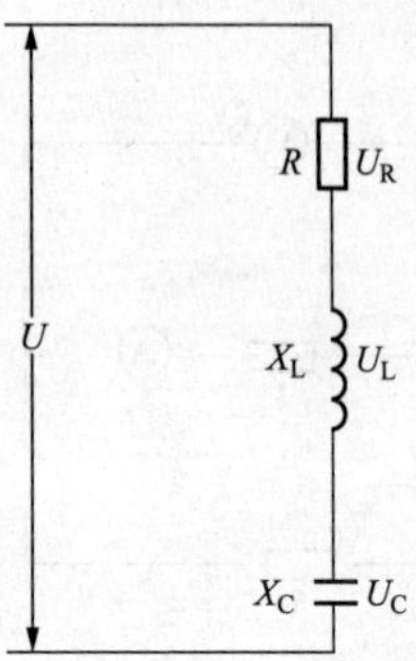

图 D-7

La2D2016 图 D-7 中，$R=4\Omega$，$X_L=9\Omega$，$X_C=6\Omega$，电源电压 $U=100\text{V}$，试求电路中的电压和电流相位差及电阻、电感、电容上的电压 U_R、U_L 及 U_C。

解: 已知 $U=100\text{V}, X_L=9\Omega, X_C=6\Omega$，

$R=4\Omega$。由此得出

电路的电抗　$X=X_L-X_C=9-6=3$（Ω）

电路的阻抗　$Z=\sqrt{R^2+X^2}=\sqrt{4^2+3^2}=5$（Ω）

则电路中的电流　$I=U/Z=100/5=20$（A）

电压和电流的相位差　$\varphi=\arctan(X/Z)=\arctan 3/4=36°87'$

电阻上的电压　$U_R=IR=20\times4=80$（V）

电感上的电压　$U_L=IX_L=20\times9=180$（V）

电容上的电压　$U_C=IX_C=20\times3=60$（V）

答：电压和电流的相位差为 36°87′，U_R 为 80V、U_L 为 180V、U_C 为 60V。

La2D2017　图 D-8 为三只电容器混联的电路图，已知：$U=600$V，$C=12\mu$F，$C_2=6\mu$F，$C_3=30\mu$F，试求等值电容 C 为多大？总电量 Q 和能量 W 为多大？各分电压 U_1，U_2，U_3 为多大？

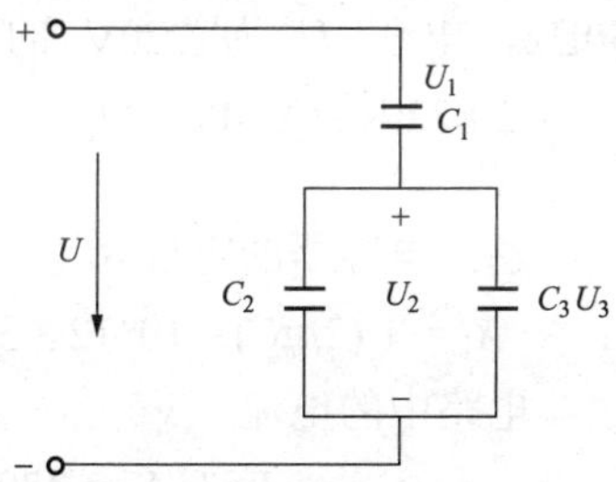

图 D-8

解：已知电源电压 $U=600$V，$C_1=12\mu$F，$C_2=6\mu$F，$C_3=30\mu$F。由此得出

（1）$C'=C_2//C_3=C_2+C_3=6+30=36$（μF）

其等值电容为

$$C=C_1C'/(C_1+C')=12\times36/(36+12)=9\text{（μF）}$$

总电量

$$Q=CU=9\times10^{-6}\times600=5.4\times10^{-3}\text{（C）}$$

（2）由于电容器串联时，每个电容器上的电量相等，同时等于总电量。故

$$Q_1=Q=5.4\times10^{-3}\text{（C）}$$

（3）能量 $W=\dfrac{1}{2}CU^2=\dfrac{1}{2}\times9\times10^{-6}\times600^2=1.62$（J）

（4）由此得 C_1，C_2，C_3 上的电压为

$$U_1 = Q_1/C_1 = 5.4\times10^{-3}/(12\times10^{-6}) = 450\text{（V）}$$

$$U_2 = U_3 = U - U_1 = 600 - 450 = 150\text{（V）}$$

答：C 为 9μF，Q 为 5.4×10^{-3}C，W 为 1.62J，U_1 为 450V，U_2、U_3 为 150V。

La2D2018 已知接收机的误码率 $P_e = 10^{-5}$ 时，载噪比 $C/N = 14$dB，噪声系数 $NF = 20$dB，求接收机最低输入电平 p_{min}。

解：$p_{min} = -162 + NF + C/N = -162 + 20 + 14 = -128$（dB）

答：接收机最低输入电平 −128dB。

La2D2019 一个 C 为 100μF 的电容器，接入频率 f 为 50Hz，电压 U 为 220V 的交流电源上，电压瞬时表达式 $u = \sqrt{2}\times220\sin(3140t + 30°)$，写出该电路的电压和电流瞬时值表达式。

解：电容器的容抗为

$$X_C = 1/(2\pi fC) = 10^6/(2\times3.14\times50\times100) = 31.9\text{（Ω）}$$

电路中的电流

$$I = U/X_C = 220/31.9 = 6.9\text{（A）}$$

电压瞬时值表达式

$$u = \sqrt{2}\times220\sin(3140t + 30°)$$

由于纯电容电路中，电流超前电压 90°

则电流的初相角为

$$\varphi = 30° + 90° = 120°$$

电流瞬时值表达式为

$$i = \sqrt{2}\times6.9\sin(3140t + 120°)$$

答：$u = \sqrt{2}\times220\sin(3140t + 30°)$，$i = \sqrt{2}\times6.9\sin(3140t + 120°)$。

La1C2020 有一只内阻 R_g 为 100Ω，量限为 500μA 的 1.0 级微安表，准备改制为量限为 5mA 和 50mA 两个量限的毫安表，

线路图如图 D-9 所示，求分流电阻 R_1 和 R_2。

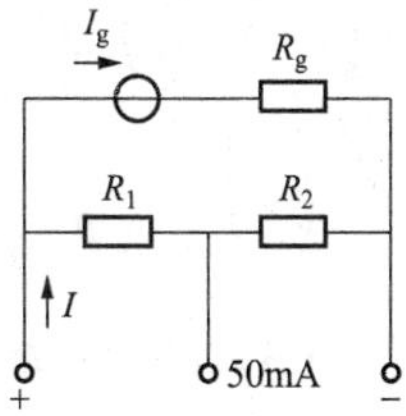

图 D-9

解：设量程为 50mA 时的满该度电流为 I_1，表头满刻度电流为 I_g，由并联支路电压相等的关系可得

$$(I_1-I_g)R_1=I_g(R_g+R_2)$$
$$(50–0.5)R_1=0.5\times(100+R_2)$$
$$49.5R_1-0.5R_2=50\text{mV} \qquad (1)$$

设量程为 5mA 时的满刻度电流为 I_2，同理可得

$$(I_2-I_g)(R_1+R_2)=I_gR_g$$
$$(5-0.5)(R_1+R_2)=0.5\times100$$
$$4.5(R_1+R_2)=50\text{mV}$$

即
$$R_2=11.11-R_1 \qquad (2)$$

将式（2）代入式（1）得

$$49.5R_1=0.5\times(11.11-R_1)=50$$
$$R_1=1.111\Omega$$

将 R_1 代入式（2）得 $R_2=10.00\Omega$

答：R_1 为 1.111Ω，R_2 为 10.00Ω。

La1C2021 有一个 RLC 串联电路，电阻为 289Ω，电容 C 为 6.37μF，电感 L 为 3.18H，当将它们作为负载接到电压为 100V，频率为 50Hz 的交流电源时，求：

（1）电流 I;

（2）负载功率因数 $\cos\varphi$；

（3）负载消耗的有功功率 P 和无功功率 Q。

解：（1） $X_L=2\pi fL=2\times3.14\times50\times3.18=999.0(\Omega)\approx 1000(\Omega)$

$$X_C=\frac{1}{2\pi fC}=\frac{1}{2\times3.14\times50\times6.37\times10^6}$$
$$=499.7(\Omega)\approx500(\Omega)$$

$$|Z|=\sqrt{R^2+(X_L-X_C)^2}=\sqrt{289^2+(1000-500)^2}$$
$$=576.9(\Omega)\approx577(\Omega)$$

所以
$$I=\frac{U}{|Z|}=\frac{100}{577}=0.173\,3\text{（A）}$$

（2）$\cos\varphi=\frac{R}{|Z|}=\frac{289}{576.9}=0.501$

（3）$P=I^2R=0.173\,3^2\times289=8.68\text{（W）}$

$$Q=\sqrt{S^2-P^2}=14.96\text{（var）}$$

答：电流 I 为 0.173 3A，负载功率因数 $\cos\varphi$ 为 0.501，负载消耗的有功功率 P 和无功功率 Q 分别为 8.68W 和 14.96var。

La1C3022 如图 D-10 所示的直流电路中，$E_1=10\text{V}$，$E_2=8\text{V}$，ad 支路电阻 $R_1=5\Omega$，$R_2=4\Omega$，$R=20\Omega$，试用戴维南定理求流经电阻 R 的电流 I。

解：运用戴维南定理，将 cf 支路从电路中独立出来，如图 D-11 所示，求出其等效内阻 R_0 和等效电动势 U_0。

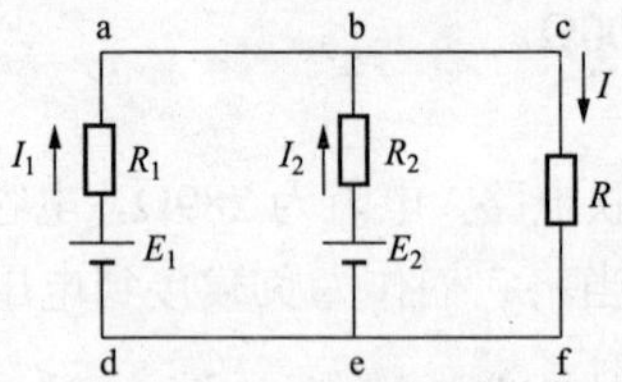

图 D-10

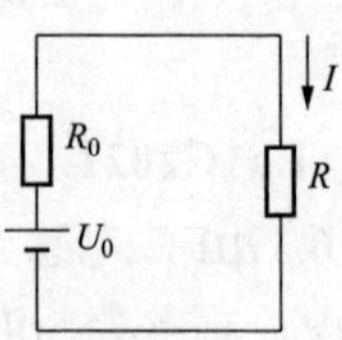

图 D-11

$$R_0=R_1\,//\,R_2=\frac{5\times4}{5+4}=\frac{20}{9}\text{（}\Omega\text{）}$$

$$E_0=\frac{E_1-E_2}{R_1+R_2}\cdot R_2+E_2$$

$$=\frac{2}{9}\times4+8=\frac{80}{9}$$

所以
$$I=\frac{E_0}{R_0+R}=80/9\Big/\left(\frac{20}{9}+20\right)=0.4\text{（A）}$$

答：流经电阻 R 的电流 I 为 0.4A。

La1C3023 试求图 D-12 所示电桥电路中 ab 间的等效电阻，图中 $R_1 = R_4 = 5\Omega$， $R_2 = R_3 = 2\Omega$， $R_5 = 10\Omega$。

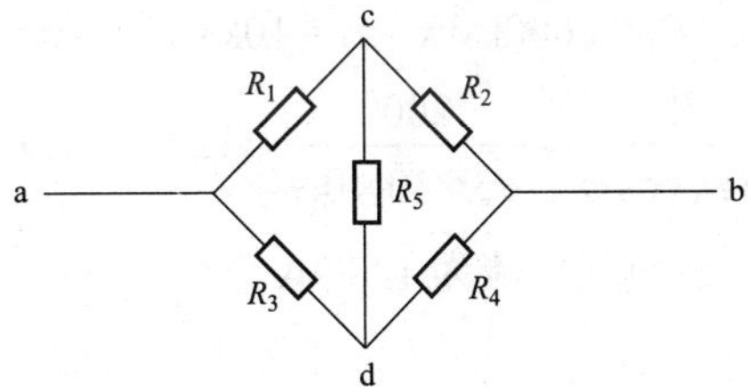

图 D-12

解：将图中由 R_2，R_4，R_5 构成的三角形电阻变换成等效的 Y 形时（见图 D-13），有

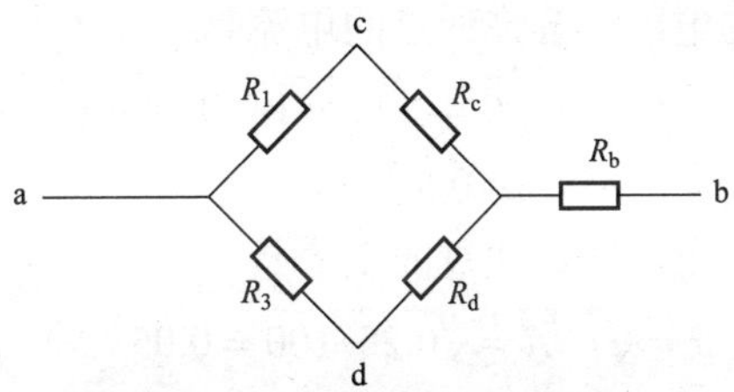

图 D-13

$$R_b = \frac{R_2 R_4}{R_2 + R_4 + R_5} = \frac{2\times5}{2+5+10} = \frac{10}{17}(\Omega)$$

$$R_c = \frac{R_2 R_5}{R_2 + R_4 + R_5} = \frac{2\times10}{2+5+10} = \frac{20}{17}(\Omega)$$

$$R_d = \frac{R_4 R_5}{R_2 + R_4 + R_5} = \frac{5\times10}{2+5+10} = \frac{50}{17}(\Omega)$$

所以 ab 端的等效电阻

$$R = (R_1 + R_c)//(R_c + R_d) + R_d = 3.33(\Omega)$$

答：ab 端的等效电阻为 3.33Ω。

Lb1C2024 某电力客户受电电压为 10kV，主变压器容量为 6300kVA，而实际负荷指标为 2000kW，功率因数为 0.9(L)，试求 10kV 侧负载电流为多少？

解：已知 $P_1=2000\text{kW}$，$U_1=10\text{kV}$，$\cos\varphi=0.9$（L）

所以 $I_1=\dfrac{P_1}{\sqrt{3}U_1\cos\varphi}=\dfrac{2000}{\sqrt{3}\times10\times0.9}=128.3$（A）

答：10kV 侧负载电流为 128.3A。

La1C2025 有三只容许功率均为 1/4W 的标准电阻，它们的阻值分别为 1、100Ω和 10 000Ω。问：

（1）当将它们串联时，容许加多高的电压？

（2）当将它们并联时，容许外电路的电流是多少？

解：1Ω的电阻，容许通过的电流是

$$I=\sqrt{P/R}=\sqrt{0.25/1}=0.5\text{（A）}$$

容许电压是 $0.5\times1=0.5$（V）

100Ω的电阻，容许通过的电流是

$$I=\sqrt{P/R}=\sqrt{0.25/100}=0.05\text{（A）}$$

容许电压是 $0.05\times100=5$（V）

1000Ω的电阻，容许通过的电流是

$$I=\sqrt{P/R}=\sqrt{0.25/10\,000}=0.005\text{（A）}$$

容许电压是 $0.005\text{A}\times10\,000\Omega=50$（V）

当串联时，容许电流应限定在 0.005A 或以下，所以，容许电压是 $0.005\times(1+100+10\ 000)=50.5\text{V}$；当并联时，容许电压应为0.5V，所以，容许外电路总电流为$(0.5/1+0.5/100+0.5/104)\text{A}=0.505\text{A}$。

答：当将它们串联时，容许加 50.5V 电压；当将它们并联时，容许外电路的电流是 0.505A。

La1C3026 如图 D-14 所示，有一只电感线圈，现需确定它的参数 R 和 L，由于只有一只安培表和一只 $R_1=1000\Omega$的电

阻，将电阻与线圈并联，接在 $f=50\text{Hz}$ 的电源上，测出各支路的电流，就能计算出 R 和 L，现已测得：$I=0.04\text{A}$，$I_1=0.035\text{A}$，$I_2=0.01\text{A}$，试计算 R 和 L。

解：根据题意，可作相量图（见图 D-15），以 $\dot{I}_1$ 为参考相量

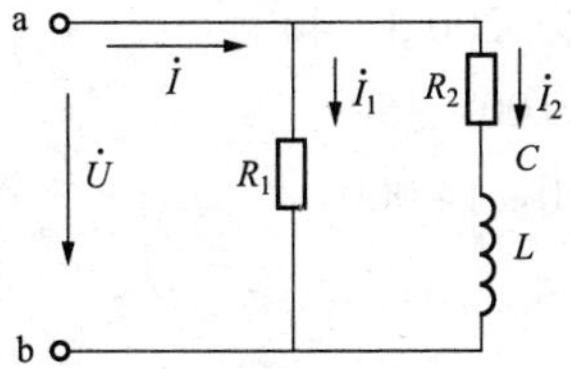

图 D-14

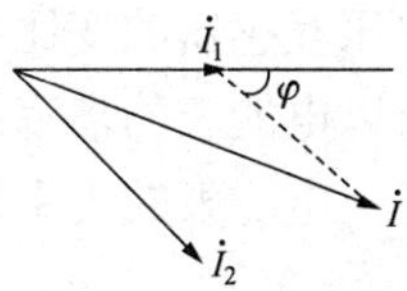

图 D-15

$$\cos\varphi=\frac{I^2-I_1^2-I_2^2}{2I_1I_2}=\frac{0.04^2-0.035^2-0.01^2}{2\times0.035\times0.01}=0.392\,8$$

所以 $$\varphi=\arccos 0.392\,8=66.9°$$

a、b 间的电压 $$\dot{U}=\dot{I}_1R=0.035\angle 0°\times1000=35\angle 0°\ \text{（V）}$$

$$\dot{I}_2=0.01\angle -66.9°\ \text{（A）}$$

所以线圈的阻抗 $$Z=\frac{\dot{U}}{\dot{I}_2}=\frac{35\angle 0°}{0.01\angle -66.9°}=3500\angle 66.9°\ \text{（Ω）}$$

即 $$Z=(1373+\text{j}3219)\Omega,\quad R=1373\Omega$$

$$L=X_{\text{L}}/\omega=10.3\ \text{（H）}$$

答：R 为 1373Ω，L 为 10.3H。

Lb5D2027 某滚珠轴承厂年用电量 A 约为 609.5 万 kWh，求该厂最大负荷 $P_{\max}$ 约为多少（最大负荷年利用小时数 $T_{\max}=5300\text{h}$）？

解：$A=609.5\times10^4\text{kWh}$，$T_{\max}=5300\text{h}$

$$P_{\max}=\frac{A}{T_{\max}}=\frac{6\,095\,000}{5300}=1150\ \text{（kW）}$$

答：该厂最大负荷约为1150kW。

Lb5D3028 某35kV高压电路装有高压三相电能表计量，已知该电能表回路的电压互感器的变比为35 000/100，电流互感器的变比为200/5，试求该电能表的倍率是多少？

解：因为电流互感器的变比：200/5＝40

电压互感器的变比：35 000/100＝350

所以电能表的倍率：40×350＝14 000

答：电能表的倍率为14 000。

Lb5D4029 某企业在生产过程中，全日用电量为4800kWh，最大负荷 P_{max} 为240kW，求这一天的负荷率 K_p。

解：平均功率 P_{av}=全日用电量/全日小时数=4800/24=200（kW）

$$K_p = P_p/P_{max} = 200/240 = 83.8\%$$

答：这一天的负荷率为83.8%。

Lb4D1030 一台变压器从电网输入的功率 P_i 为150kW，变压器本身的损耗 ΔP 为20kW，试求变压器的效率 η 为多高？

解：输入功率 $P_i = 150kW$

输出功率 $P_o = P_i - \Delta P = 150 - 20 = 130$（kW）

变压器的效率 $\eta = \dfrac{P_i}{P_o} \times 100\% = \dfrac{130}{150} \times 100\% = 86.6\%$

答：变压器的效率为86.6%。

Lb4D2031 某一个单相电能表铭牌上标明电能常数 $C = 2000r/kWh$，求该表每一转电能 K 为多少瓦时？

解：由 $K = 1000/C$

得 $K = 1000/2000 = 0.5$（Wh/r）

答：该表每一转为0.5Wh。

Lb4D2032 某厂有电容器10台，每台容量为10kvar，每台介质损耗功率为0.004kW，试求在额定电压下运行30天的电能损失为多少？

解：已知每台电容器损耗功率$\Delta P=0.004$kW，电容器台数为10台

则10台电容器介质损耗的一天总损耗功率$\Delta P_{\Sigma}=10\times\Delta P=0.04$（kW）

30天的总电能损耗$\Delta A=\Delta P_{\Sigma}\times 30\times 24=0.04\times 30\times 24=28.8$（kWh）

答：10台电容器30天的电能损失为28.8kWh。

Lb4D2033 一化工厂某月用电量W_P为72万kWh，最大负荷P_{max}为2000kW，求月负荷率K？

解：月平均负荷 $P_{av}=\dfrac{W_P}{t}=\dfrac{720\,000}{24\times 30}=1000$（kW）

月负荷率 $K=\dfrac{P_{av}}{P_{max}}\times 100\%=\dfrac{1000}{2000}\times 100\%=50\%$

答：月负荷率为50%。

Lb4D3034 有一只单相电能表，计度器总位数为5位，其中有2位是小数，计度器齿轮比分别为50/1、36/36、55/11，求此表总传动比K_i及常数C各是多少？

解：总传动比 $K_i=(50/1)\times(36/36)\times(55/11)=250$

因电能表计度器的小数位数为2位，则电能表的常数为

$$C=250\times 10=250\times 10=2500$$

答：总传动比为250，常数为2500。

Lb4D3035 某单位的三相有功电表的常数C为1500r/kWh，每圈脉冲数K_n为1，该厂负荷P为2kW，则2h后，该电表共发出多少脉冲？

解：脉冲数 $=PCK_nt=2\times1500\times1\times2=6000$（个）

答：该电表共发出6000个脉冲。

Lb4D3036 计算频率f为230MHz无线电波的波长λ。

解：$\lambda=C/f=3\times10^8/230\times10^6=1.3$（m）

答：无线电波的波长为1.3m。

Lb4D3037 某工厂由U为380V三相供电，用电日平均有功负荷P_{av}为100kW，高峰负荷电流I为200A，日平均功率因数为0.9，求该厂的日负荷率为多少？

解：$U=380V$，$I=200A$，$\cos\varphi=0.9$，$P_{av}=100kW$

日最高负荷$P_{max}=3UI\cos\varphi=1.732\times0.38\times200\times0.9=118.47$（kW）

$$日负荷率=\frac{P_{av}}{P_{max}}=\frac{100}{118.47}\times100\%=84.4\%$$

答：该厂的日负荷率为84.4%。

Lb4D3038 一条U为380V的线路，导线型号为LJ-35，电阻R为0.92Ω/km，电抗X为0.352Ω/km，功率因数为0.8，输送有功功率P为30kW，线路长度为400m，试求线路电压损失率$\Delta U\%$。

解：20km导线总电阻和总电抗分别为

$$R=0.92\times0.4\approx0.37\text{（Ω）}$$

$$X=0.352\times0.4\approx0.14\text{（Ω）}$$

$$S=\frac{P}{\cos\varphi}=\frac{30}{0.8}=37.5\text{（kVA）}$$

$$Q=\sqrt{S^2-P^2}=\sqrt{37.5^2-30^2}=22.5\text{（kvar）}$$

导线上的电压损失

$$\Delta U=\frac{PR+QX}{U}=\frac{30\times0.37+22.5\times0.14}{0.38}$$

$$=37.5\text{（V）}$$

线路上的电压损失率$\Delta U\% = \frac{\Delta U}{U}\times 100\% = \frac{37.5}{380}\times 100\%$

$$\approx 9.8\%$$

答：线路电压损失 9.8%。

Lb4D4039 某一型号的单相电能表铭牌上标明额定电压U_n为 220V，标定电流I_b为 5A，电能表常数C=1200r/kWh，求该表的基本转速n（即额定负荷下的转速）。

解：$n = CU_nI_b = 1200 \times 220 \times 5/10^3 = 1320$（r/h）= 22（r/min）

答：该表的基本转速为 22r/min。

Lb3D1040 某单相电能表铭牌上标明C=1200r/kWh，现有秒表记录该表转 30r 时所需要的时间为 1min，试计算该表测得的负荷值。

解：$P = \frac{n}{C} = \frac{30\times 60}{1200} = 1.5$（kW）

答：该表测得的负荷值为 1.5kW。

Lb3D1041 有一张 360kB 的软盘，请问其中的 B 代表什么意思？这张软盘最多的能容纳多少个汉字的文件（在不使用压缩技术的情况下）？

解：B = Byte 字节

该软盘最多的能容纳的汉字文件 $= 360\times 1024\div 2 = 184\,320$

答：约 18 万汉字的文件（184 320 个汉字的文件）。

Lb3D1042 某低压动力客户，有电动机功率P为 24kW，功率因数 0.8，供电电压U为 380V，问应安装多少安培的电能表？

解：$I = P/(\sqrt{3}\,U\cos\varphi) = 24\times 10^3/(\sqrt{3}\times 380\times 0.8) = 45.5$（A）

答：应选用 50A 三相电能表。

Lb3D2043 测得一电台出口发射功率为 25W，通过一段高频馈线衰耗后的功率为12.5W，计算该段馈线的衰耗分贝数。

解：衰耗 $=10\log 25/12.5=3$（dB）

答：该段馈线的衰耗为3dB。

Lb3D2044 某客户无表用电，接有灯 35W 5 只，40W 10 只，60W 5 只，每日夏季按每天 t 为 4h 计算，冬季按每天 t 为 6h 计算，问冬夏季各一个月（每天按 30 天计）耗电量（W）多少？

解：夏季一个月耗电量为

$$W=Pt=(25\times5+40\times10+60\times5)\times4\times30$$
$$=99\ 000\text{（Wh）}=99\text{（kWh）}$$

冬季一个月耗电量为

$$W=Pt=(25\times5+40\times10+60\times5)\times6\times30$$
$$=148\ 500\text{（Wh）}=148.5\text{（kWh）}$$

答：夏季一个月耗电 99kWh，冬季一个月耗电 148.5kWh。

Lb3D3045 若三相三线电能表处于满载，即电压互感器输出电压为 U 为 100V，电流互感器输出电流 I 为 5A，且有每周脉冲数 n 为 1，电能表常数 C 为 1500r/kWh，计算出每分钟输入终端的电量脉冲数。

解：已知有功功率 $P=\sqrt{3}\,UI\cos\varphi=1.732\times100\times5\times\cos\varphi$
$=866\cos\varphi$（W）

设 $\cos\varphi=1$，且 $P=0.866$kW

每转时间 $=\dfrac{n/C}{P}=\dfrac{1/1500}{P}=\dfrac{1}{1500\times0.866}$（h）$=2.77$（s）

每分钟脉冲数 $=\dfrac{60}{2.77}\approx21.65$（个）

在功率因数小于 1 的情况下，电能表输出脉冲数少于 21.65 个/min。

答：每分钟输入终端的电量脉冲约为 21.65 个。

Lb3D3046 某用电单位月用电量有功为500 000kWh，无功为400 000kvar，月利用小时为500h，问月平均功率因数为多大？若将功率因数提高到0.9时，需要安装电容器的容量为多少？

解：已知有功电量 =500 000kWh，无功电量 =400 000kvar，月利用小时 =500h，补偿后功率因数 $\cos\varphi=0.9$，则每一小时的平均有功率为

$$P=500\ 000/500=1000\text{（kW）}$$

每小时的平均无功功率为

$$Q=400\ 000/500=800\text{（kvar）}$$

每小时的平均实在功率为

$$S=\sqrt{P^2+Q^2}=\sqrt{1000^2+800^2}=1280.6\text{（kVA）}$$

则月平均功率因数为

$$\cos\varphi=P/S=1000/1280.6=0.78$$

将功率因数提高到0.9时，需要补偿的无功功率是

$$\begin{aligned}Q&=P[(1/\cos\varphi_1)^2-1](1/2)-\{[1-(1/\cos\varphi)^2-1](1/2)\}\\&=1000\times(0.802-0.484)=318\text{（kvar）}\end{aligned}$$

答：电容器的容量是318kvar。

Lb3D3047 两支等高避雷针，其高度 h 为25m，两针相距 D 为20m，计算在两针中间位置，高度 h_x 为7m的平面上保护范围一侧最小宽度 b_x 是多少？

解：已知两支针高 $h=25$m，两支针距离 $D=20$m，被保护设备高度 $h_x=7$m。

当 $h\leqslant30$m 时，取 $P=1$，则两针保护范围上边缘的最低高度为

$$h_0=h-\frac{D}{7P}=25-\frac{20}{7}\approx25-3=22\text{（m）}$$

两针中间7m高度平面上保护范围一侧最小宽度为

$$b_x=1.5(h_0-h_x)=1.5\times(22-7)=22.5\text{（m）}$$

答：最小宽度为22.5m。

Lb3D3048 某工厂用电三相负荷平衡，装有单相功率表，指示功率 P 为 50kW，电压表指示 U 为 380V，电流表指示 I 为 300A，试求该厂的功率因数和无功功率。

解： $P=50$kW，$U=380$V，$I=300$A

因为三相负荷平衡，则三相有功功率为

$$P=50\times3=150\text{（kW）}$$

三相视在功率

$$S=\sqrt{3}\,UI=\sqrt{3}\times0.38\times300\approx197.45\text{（kVA）}$$

$$\cos\varphi=\frac{P}{S}=\frac{150}{197.45}\approx0.76$$

无功功率为

$$Q=\sqrt{S^2-P^2}=\sqrt{197.45^2-150^2}=128.4\text{（kvar）}$$

答： 功率因数为 0.76，无功功率为 128.4kvar。

Lb3D3049 现场工作人员检测到三相有功电能表 1min 发出了 30 个脉冲，该电能表 K_n 为 1，C 为 1500r/kWh，计算出此时该客户的负荷 P 大小。

解： $P=30\times60/K_n\cdot C=1800/1500=1.2$（kW）

答： 该客户的负荷大小为 1.2kW。

Lb3D4050 有一只三相四线有功电能表，其 B 相电流互感器从二次反接运行达半年之久，电能表的累积电量 A 为 150kWh，假设功率因数 $\cos\varphi=1$，试求该表更正电量。

解： 当 B 相电流互感器反接，其功率为

$$P=U_AI_A\cos\varphi-U_BI_B\cos\varphi+U_CI_C\cos\varphi=U_{ph}I_{ph}\cos\varphi$$

正确接线时的功率为

$$P'=3U_{ph}I_{ph}\cos\varphi$$

更正系数为

$$K=A'/A=W'/W=3U_{ph}I_{ph}\cos\varphi/(U_{ph}I_{ph}\cos\varphi)=3$$

实际用电量为

$$A'=KA=3\times150=450\text{（kWh）}$$

半年内少计电量为　$450-150=300$（kWh）

答：该表更正电量为300kWh。

Lb3D4051　某低压电力客户采用低压380/220V计量，在运行中电流互感器A相二次断线，后经检查发现，故障期的抄见电能为10万kWh，试求应向该客户追补多少用电量？

解：因三相电能表的正确接线计量功率值为

$$P_1=3U_{ph}I_{ph}\cos\varphi$$

因A相电流互感器二次断线，则 $P_1=U_AI_A\cos\varphi=0$

误接线计量功率值为

$$P=2U_{ph}I_{ph}\cos\varphi$$

$$\begin{aligned}更正率&=[(正确用电量-错误用电量)/错误用电量]\times100\%\\&=[(3U_{ph}I_{ph}\cos\varphi-2U_{ph}I_{ph}\cos\varphi)/2U_{ph}I_{ph}\cos\varphi]\times100\%\\&=50\%\end{aligned}$$

$$\begin{aligned}追补用电量&=更正率\times抄见用电量=50\%\times100\ 000\\&=50\ 000\text{（kWh）}\end{aligned}$$

答：该客户应追补用电量50 000kWh。

Lb3D5052　有一只三相三线电能表，在A相电压回路断线的情况下运行了四个月，电量累计为5万kWh，功率因数约为0.8，求追退电量。

解：A相断线时，实计电量表达式为

$$\begin{aligned}P'&=U_{CB}I_C\cos(30^\circ-\varphi)=UI\left(\frac{\sqrt3}{2}\cos\varphi+\frac12\sin\varphi\right)\\&=\frac12UI(\sqrt3+\tan\varphi)\cos\varphi\end{aligned}$$

更正系数为

$$K_P=P/P'=\frac{\sqrt3UI\cos\varphi}{\frac12UI(\sqrt3+\tan\varphi)\cos\varphi}$$

$$=2\sqrt{3}/(\sqrt{3}+\tan\varphi)$$

当 $\cos\varphi=0.8$ 时，$\varphi=36°\ 50'$，$\tan\varphi=0.75$，则 $K_P=2\sqrt{3}/(\sqrt{3}+0.75)=1.39$

更正率为

$$\varepsilon_P=(K_P-1)\times100\%=(1.39-1)\times100\%=39\%$$

应追补电量为

$$\Delta A_P=39\%\times50\ 000=19\ 500\ (\mathrm{kWh})$$

答：应追补电量为 19 500kWh。

Lb2D3053 已知一包括 400 台各类终端的负控系统，7 月份各类终端月累计停用台时数为 28 867.2 台·时，试问该系统本月月可用率 A 为多少？该系统该项指标是否满足实用化验收要求？

解：A = 100% − 各类终端停用台时数之和/[各类终端装用总台数 × 全月日历时间] × 100%

$$=100\%-28\ 867.2/(400\times31\times24)\times100\%$$

$$=90.3\%$$

答：本月可用率为 90.3%，该月月可用率小于 98%，故该项指标不满足实用化验收要求。

Lb2D4054 某户室内装一日光灯照明，见图 D-16，U=220V，f=50Hz，日光灯的功率 P=20W，开灯后，电路中通过的电流 I=0.3A，试求 L 及功率因数的值，如果要将该电路的功率因数提高到 0.85，需并联多大的电容器？

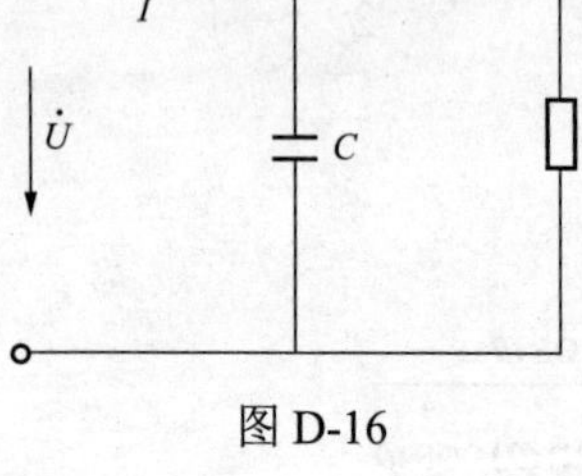

图 D-16

解：因 $P=I^2R$

所以 $R=\dfrac{P}{I^2}=\dfrac{20}{0.3^2}=222\ (\Omega)$

$$X_L=\sqrt{Z^2-R^2}=\sqrt{\left(\frac{220}{0.3}\right)^2-222^2}=699\ (\Omega)$$

$$L=\frac{X_L}{\omega}=\frac{699}{314}=2.23\ (\text{H})\ (\text{式中}\ \omega=2\pi\times50)$$

$$\cos\varphi=\frac{P}{S}=\frac{20}{220\times0.3}=0.303$$

因 $\cos\varphi_1=0.303$，$\cos\varphi_2=0.85$，$\varphi_1=72.36°$，$\varphi_2=31.79°$

所以 $C=\frac{P}{\omega U^2}(\tan\varphi_1-\tan\varphi_2)$

$$=\frac{20}{314\times220^2}(\tan72.36°-\tan31.79°)$$

$$=5.2\times10^{-7}\ (\text{F})=0.52\ (\mu\text{F})$$

答：L 为 2.23H，$\cos\varphi$ 为 0.303，需并联 0.52μF 的电容器。

Lb1D4055 某无线电负荷控制主站系统为单机系统，该系统主站在该年 5 月份因故障停用 10h，同时在 5 月下旬对主站进行了维护，停用时间为 8h，计算出 5 月份的主机月可用率 A，并判断该指标是否合格（合格率为 95%）。

解：$A=100\%\times$(全月日历时间 − 主机系统停用时间)/全月日历时间

$=100\%\times(31\times24-8-10)/(31\times24)$

$=97.58\%$

答：该系统大于 95%的指标，合格。

Lc3D3056 某工厂的供电电压 U 为 380V，实际有功功率 P 为 200kW，总电流表指示电流为 350A，试问该厂用电的功率因数是多少？

解：$S=1.732UI=1.732\times0.38\times350=230.36$（kVA）

功率因数　$\cos\varphi=P/S=200/230.36=0.868$

答：功率因数是 0.868。

Lc1C2057 有一个三相负载，每相的等效电阻 $R=30\Omega$，等效感抗 $X_L=25\Omega$，接线为星形，当把它接到线电压 $U=380V$ 的三相电源时，试求负载消耗的电流 I、有功功率 P 和功率因数 $\cos\varphi$。

解：因为是对称三相电路，所以各相电流相等，设为 I

$$I=\frac{U_{相}}{|Z|}=\frac{U/\sqrt{3}}{\sqrt{R^2+X_L^2}}=\frac{380/\sqrt{3}}{\sqrt{30^2+25^2}}\approx 5.6\text{（A）}$$

相电流数值等于线电流，且相角差依次为120°。

功率因数 $$\cos\varphi=\frac{R}{|Z|}=\frac{30}{\sqrt{30^2+25^2}}\approx 0.77$$

三相有功功率

$$P=\sqrt{3}UI\cos\varphi=\sqrt{3}\times380\times5.618\times0.768=2840\text{（W）}$$

答：负载消耗的电流为5.6A，功率因数为0.77，三相有功功率为2840W。

Jd5D2058 一机械厂某月用电量 W_P 为36万kWh，月最大负荷 P_{max} 为900kW，求月负荷率 K。

解：月平均负荷 $$P_{av}=\frac{W_P}{t}=\frac{360\,000}{24\times30}=500\text{（kW）}$$

月负荷率 $$K=\frac{P_{av}}{P_{max}}\times100\%=\frac{500}{900}\times100\%=55.5\%$$

答：月负荷率为55.5%。

Jd5D2059 测得电台出口功率 P_o 为25W，高频电缆50m末端功率 P_l 为12.5W，计算高频电缆每米衰耗。

解：（1）计算电缆衰耗 $=10\times\lg P_l/P_o$。

$$10\times\lg\frac{12.5}{25}=3\text{（dB）}$$

（2）每米电缆衰耗 $=\frac{3}{50}=0.06$（dB/m）

答：高频电缆每米衰耗为0.06dB。

Jd1C1060 某高压客户，TV为10kV/0.1kV，TA为50A/5A，有功表常数为2500r/kWh,现实测有功表6转需30s，试计算该客户有功功率。

解：$P=\frac{6\times3600}{2500\times30}\times\frac{10}{0.1}\times\frac{50}{5}$

$=288\text{（kW）}$

答：该客户此时有功功率为288kW。

Je1C2061 一只电能表与终端按照DL/T 645通信的一帧数据是：68 55 38 62 00 00 00 68 84 00 CS 16，其中CS为校验和，试计算校验和CS是多少？

解：68H＋55H＋38H＋62H＋68H＋84H＝243H

所以 CS＝43H

答：校验和CS为43H。

4.1.5 识绘图题

La5E1001 画出由导线、电源 E、开关 S 及负载组成的串联电路。

答：如图 E-1 所示。

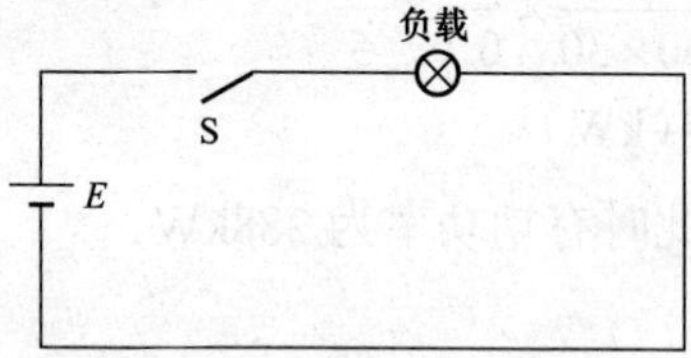

图 E-1

La5E1002 画出符合下列 I 计算式的电路图。

（1）当 S 断开时 $I=\dfrac{E}{R_0+R_2+R_3}$；

（2）当 S 合上时 $I=\dfrac{E}{R_0+\dfrac{R_1(R_2+R_3)}{R_1+R_2+R_3}}$。

答：如图 E-2 所示。

La5E2003 用电源、三极管、微安表符号画出测量集电极反向电流的电路。

答：如图 E-3 所示。

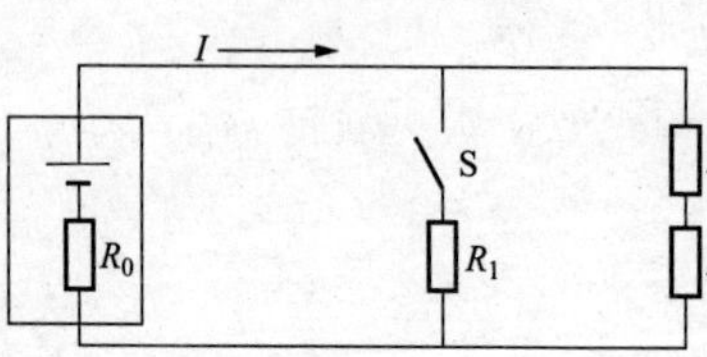

图 E-2

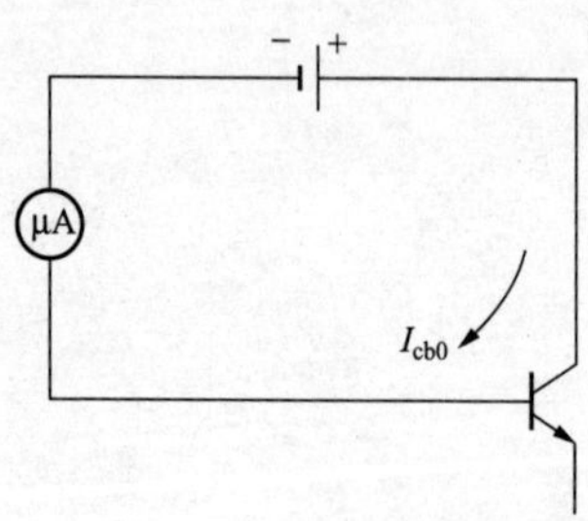

图 E-3

La5E2004 画出晶体管的输出特性曲线，并指出饱和区、截止区、放大区的范围。

答：如图 E-4 所示。

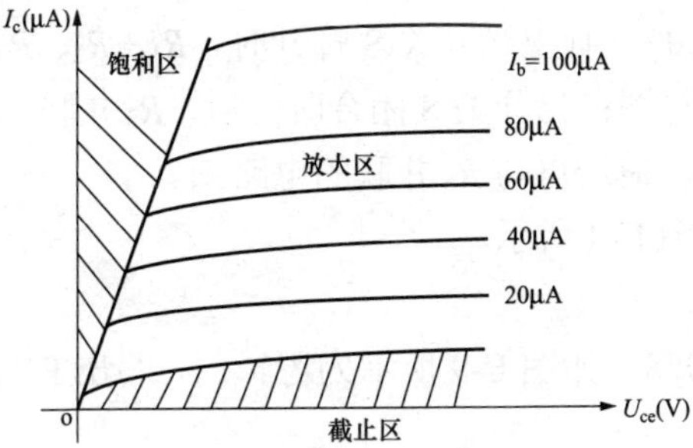

图 E-4

La5E2005 图 E-5 所示为二极管结构图，当外施电压 N 区为（+），P 区为（–）时请标明内电场、外电场的方向，空间电荷区是变宽还是变窄？

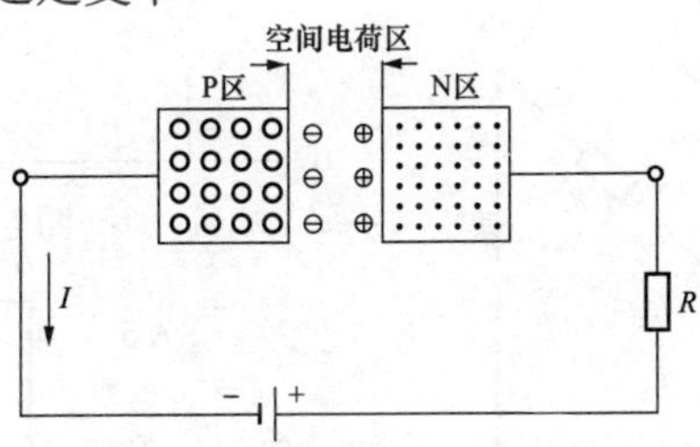

图 E-5

答：如图 E-6 所示。

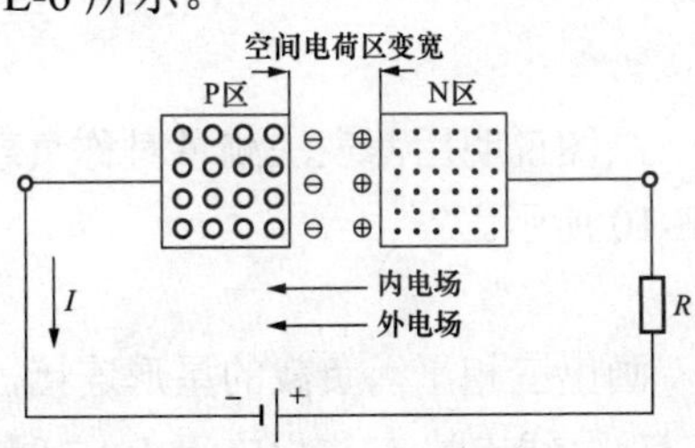

图 E-6

La4E1006 画出一个简单直流电桥原理接线图。

答：如图 E-7 所示。

La4E1007 画出当开关 S 打开时，R_1+R_2、R_3+R_4、R_5 三者并联的电路图；当开关 S 闭合时，R_1、R_3 并联与（R_2、R_4 并联）再串联，最后再与 R_5 并联的电路图。

答：如图 E-8 所示。

La4E2008 如图 E-9 所示为逻辑门，写出 P 与 A、B 之间的关系式。

答：$P=\overline{A\cdot B}$。

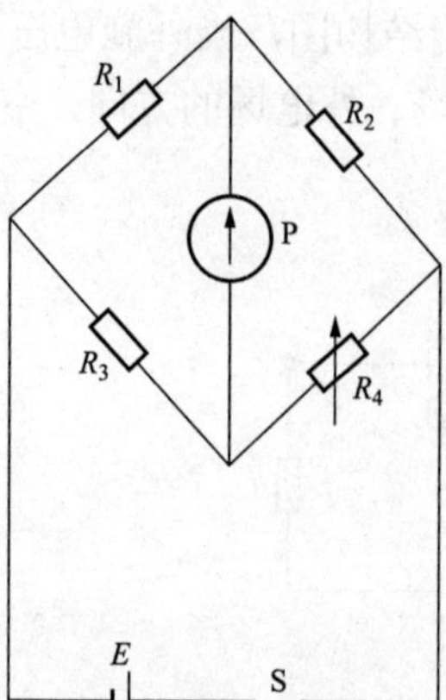

图 E-7

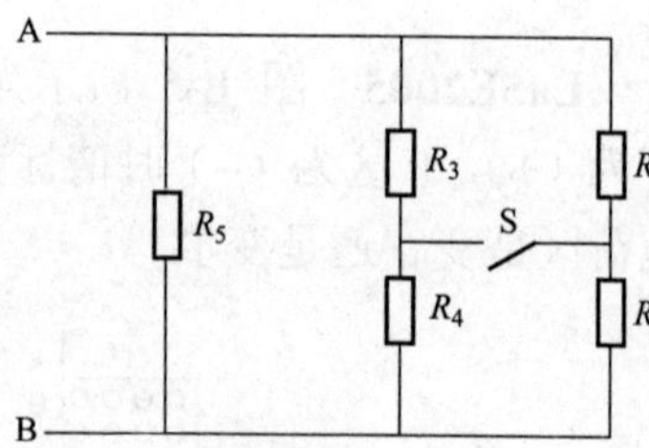

图 E-8

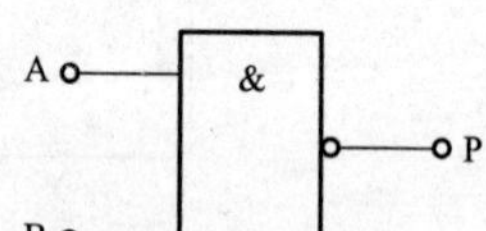

图 E-9

La4E3009 画图说明用两表法测量对称负载的三相功率。

答：如图 E-10 所示。

La4E4010 画出三相平衡负载的星形连接，并写出其线电压 U_L 与相电压 U_{ph}、线电流 I_L 与相电流 I_{ph} 之间的关系。

答：如图 E-11 所示，$I_L=I_{ph}$，$U_L=\sqrt{3}\,U_{ph}$。

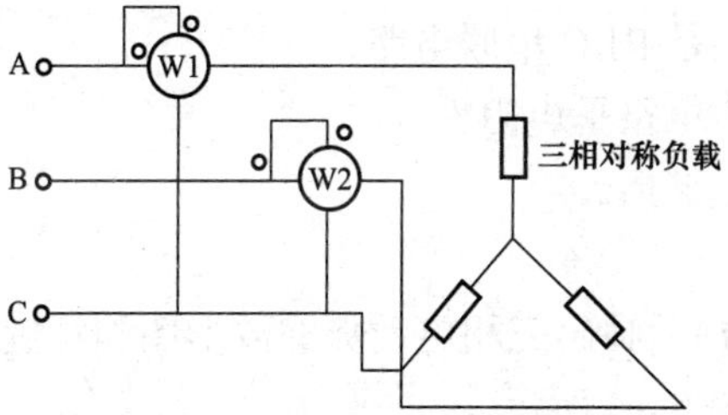

图 E-10

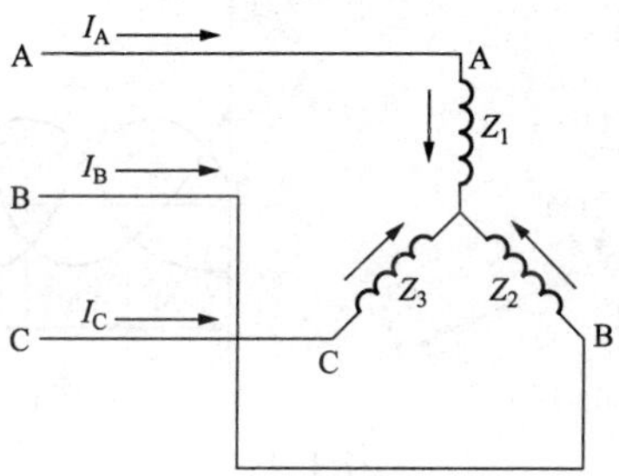

图 E-11

La4E4011 图 E-12 是硅稳压管的稳压电路，写出其稳压工作过程。

答：稳压工作过程为 $U_0\uparrow \xrightarrow{U_V\uparrow} I_V\uparrow \rightarrow I_R\uparrow \rightarrow U_R\uparrow \xrightarrow{(U_1-U_R)} U_0\downarrow$。

La3E1012 指出图 E-13 是什么电路，当 $X_L=X_C$ 时电路是什么性质，将发生什么？

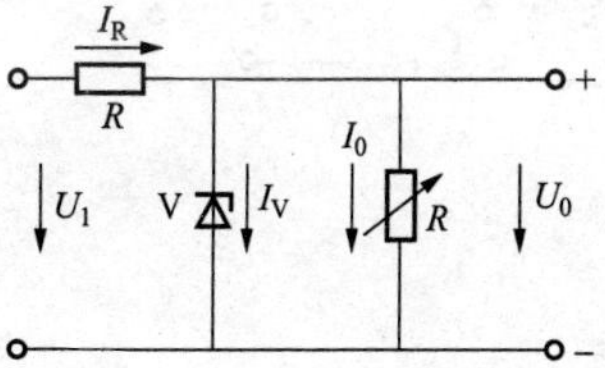

图 E-12

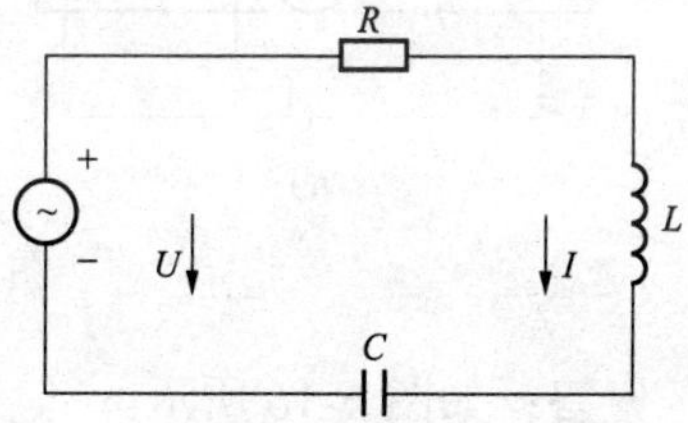

图 E-13

答：（1）是 RLC 串联电路；

（2）整个电路呈电阻性；

（3）串联谐振。

La3E1013 画出三相电动势的波形图和相量图。

答：如图 E-14 所示。

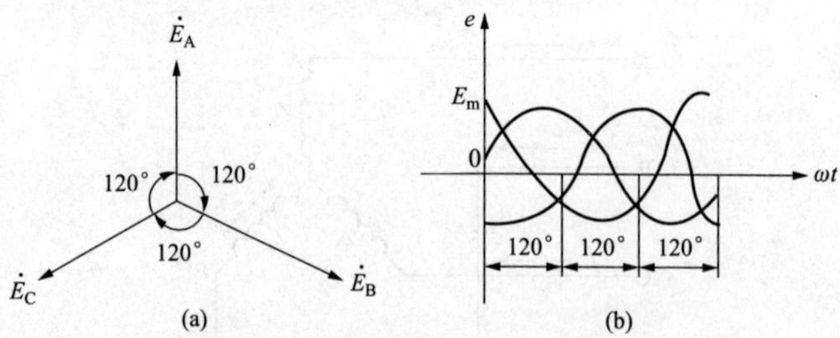

图 E-14

（a）相量图；（b）波形图

La3E1014 如图 E-15 所示的电路图。

（1）标出图（a）中感生电流的方向；（2）标出图（b）中的磁极极性；（3）标出图（c）导体的运动方向；（4）将图（d）线圈接在电源上。

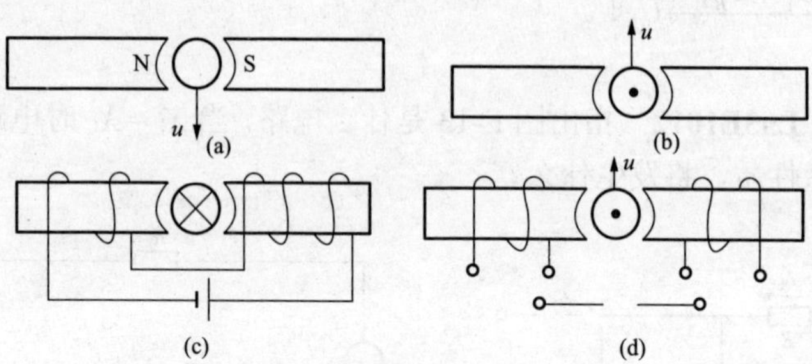

图 E-15

答：如图 E-16 所示。

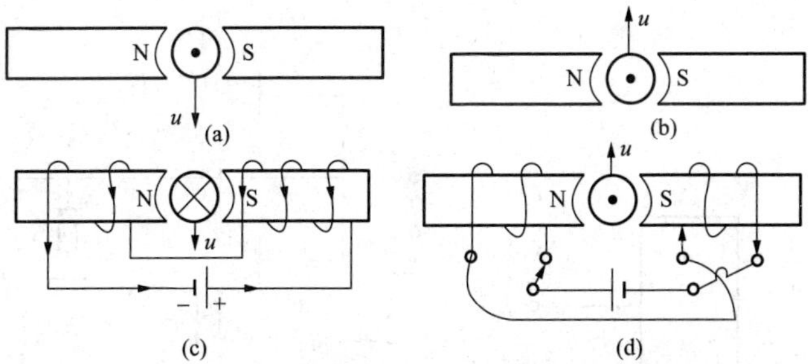

图 E-16

La3E1015 如图 E-17 所示的三相电路中的负载连接，试问这些负载各是什么连接方式？

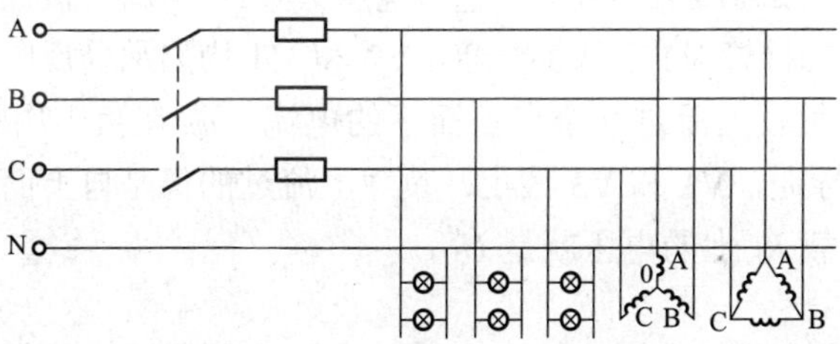

图 E-17

答：单相连接方式、负载的星形连接方式及负载的三角形连接方式。

La3E2016 如图 E-18 所示为逻辑门，请写出 P 与 A、B 之间的关系等式。

答：P＝A⊕B。

La3E2017 画出乙类功率放大电路图。

答：如图 E-19 所示。

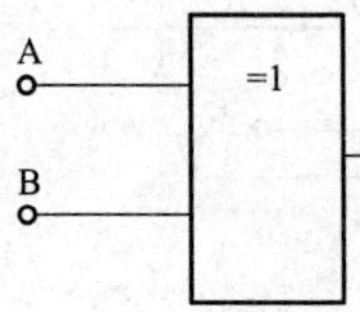

图 E-18

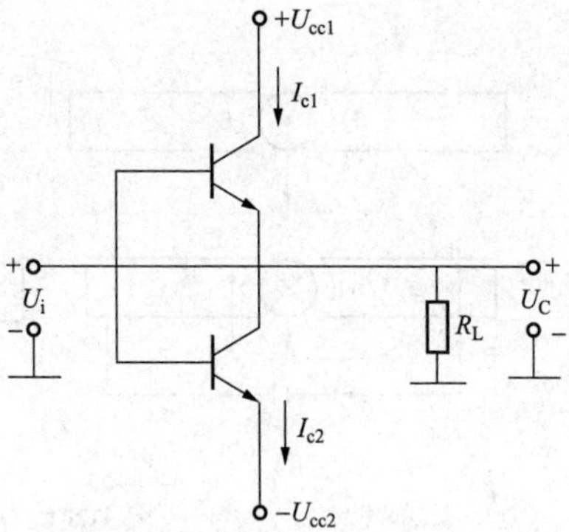

图 E-19

La3E2018 画出单相桥式整流电路，并简述其工作原理。

答： 如图 E-20 所示。电源电压 u_2 在正半周（极性上正下负）时二极管 V1 和 V3 导通，V2 和 V4 均因承受反向电压而截止，负载上流过一个自上而下的电流，u_2 在负半周时，V2 和 V4 导通，V1 和 V3 截止，负载上流过的仍是自上而下的电流，负载 R_L 上的电压就是 U_L。

La3E3019 指出图 E-21 石英晶体片简单工作原理。

答：（1）石英晶体片是夹在两个金属膜中间，当晶体不振时可看成一个平板电容；

（2）当晶体振动时可看成一个 LC 串联谐振电路。

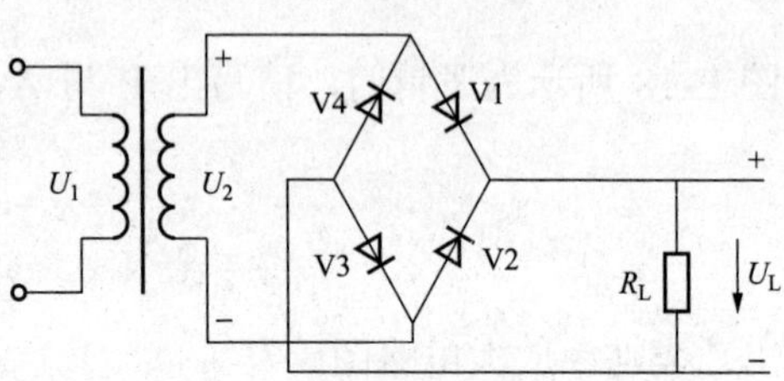

图 E-20

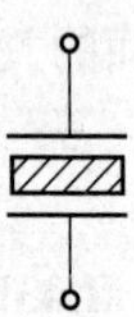

图 E-21

La3E4020 如图 E-22 所示为逻辑门，请写出 P 与 A、B

之间关系等式。

答：P＝A＋B。

La3E4021 图 E-23 所示为逻辑门，请写出 P 与 A、B 之间的关系式。

答：P＝A·B。

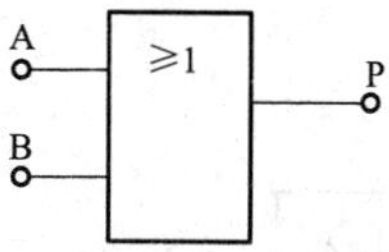

图 E-22

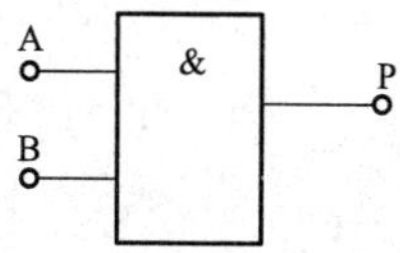

图 E-23

La2E1022 指出图 E-24 是什么电路，当 $X_L=X_C$ 时电路是什么性质，将发生什么？

答：（1）RLC 并联电路。

（2）整个电路呈电阻性。

（3）并联谐振。

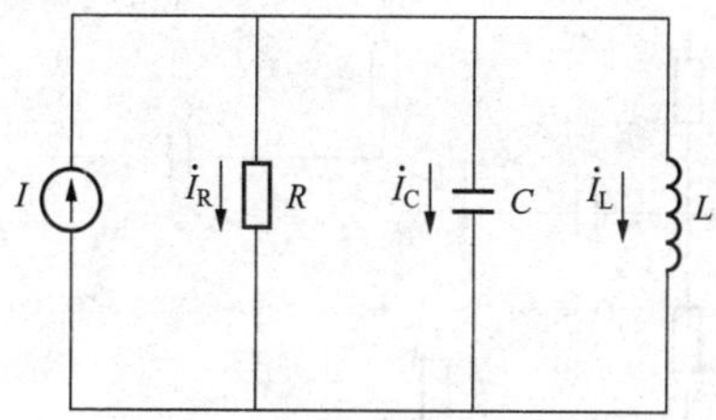

图 E-24

La2E2023 指出图 E-25 是什么电路。

答：图 E-25 为功率总加器电路。

La2E2024 画出分立元件与门电路。

答：如图 E-26 所示。

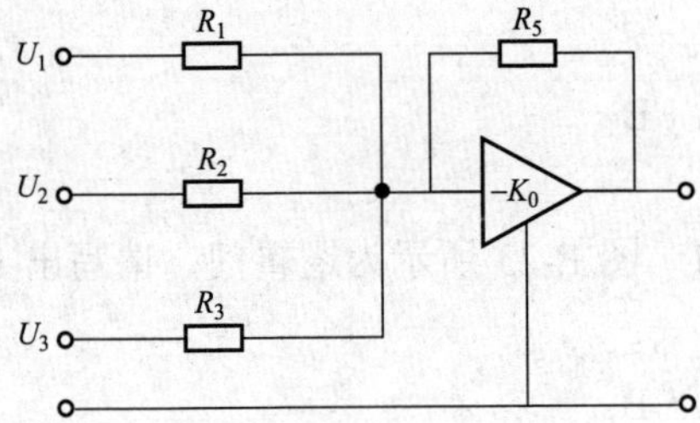

图 E-25

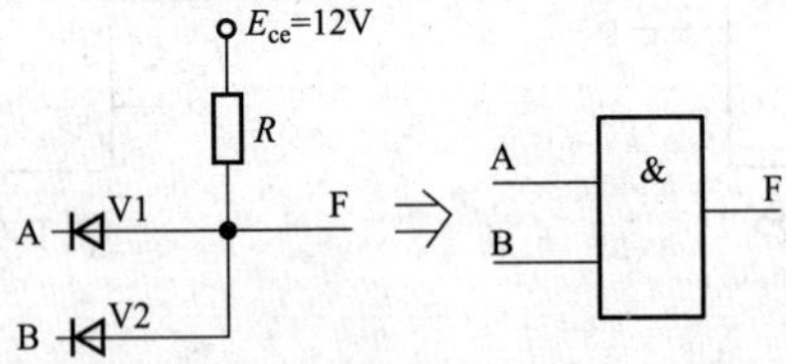

图 E-26

La2E2025 画出简单的晶体管放大电路图。

答：如图 E-27 所示。

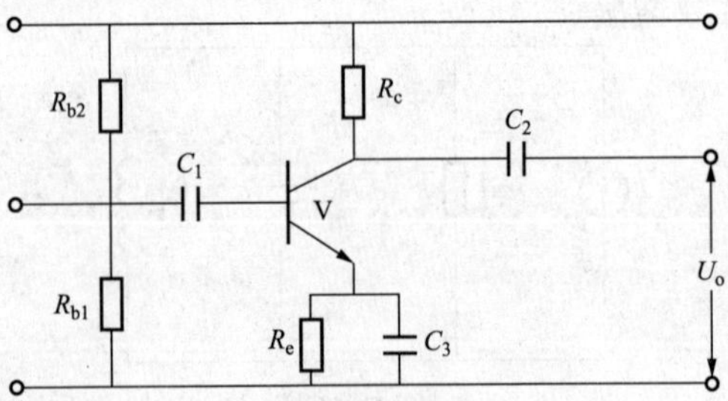

图 E-27

La2E4026 说出图 E-28 属何种反馈。

答：图 E-28 为电流并联负反馈。

La2E4027 已知正弦电压 $u=U_m\sin(\omega t+\pi/4)$，画出示意图。

答：如图 E-29 所示。

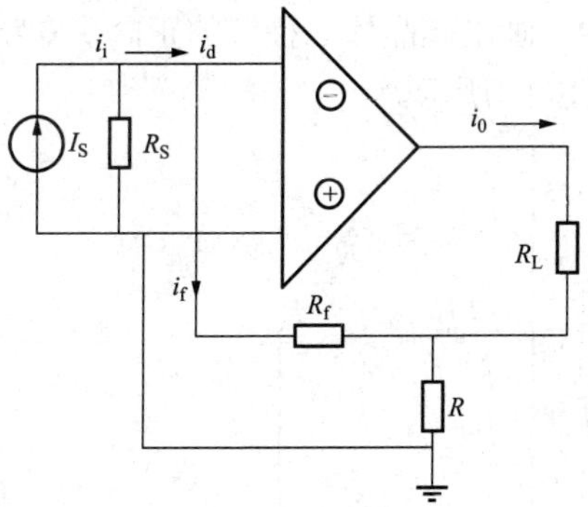

图 E-28

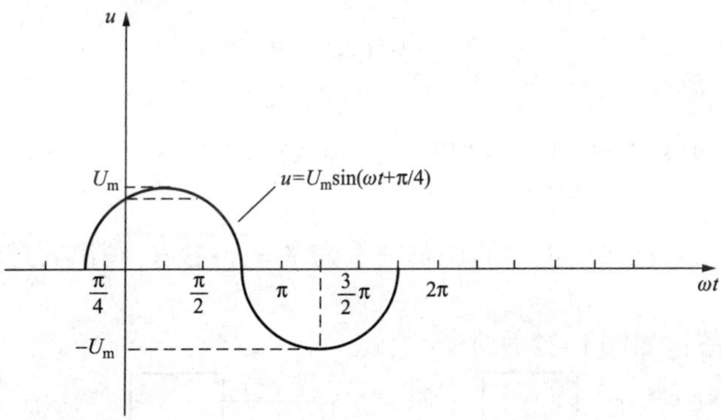

图 E-29

La1E4028 画出 RC 滤波电路图。

答：如图 E-30 所示。

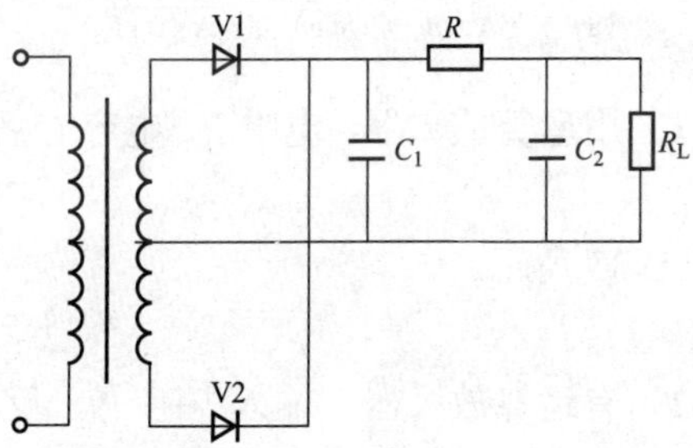

图 E-30

La1E1029 画出硅晶体二极管的正向伏安特性图。

答：如图 E-31 所示。

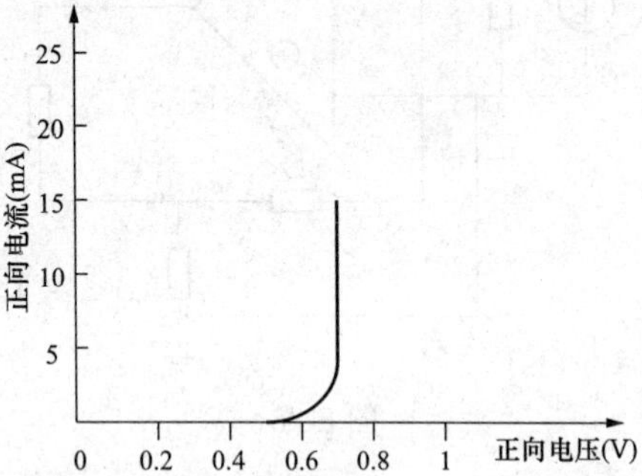

图 E-31

La1E1030 （1）已知一电路的逻辑关系为 $Y=A\cdot B\cdot C$，画出其逻辑符号图。

（2）已知一电路的逻辑关系为 $Y=\overline{A\cdot B\cdot C}$ 画出其逻辑符号图。

答：如图 E-32 所示。

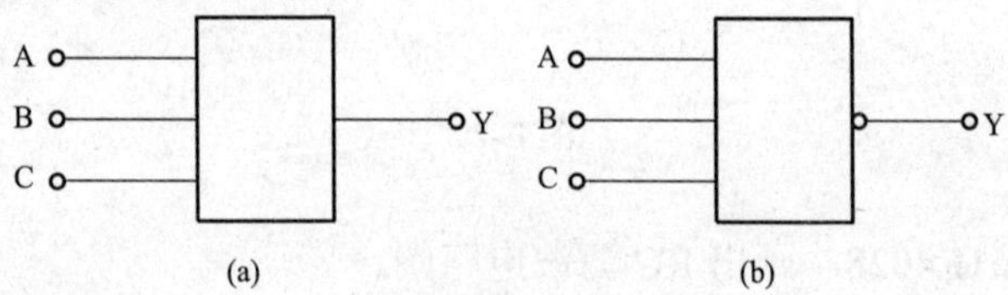

图 E-32

（a）$Y=A\cdot B\cdot C$；（b）$Y=\overline{A\cdot B\cdot C}$

La1E2031 用运算放大器、电阻 R、电容 C 各一只连接成一积分电路。

答：如图 E-33 所示。

La1E2032 有运算放大器、输入电阻 R_i、反馈电阻 R_f 各一只，将它们连接成反相输入电压并联负反馈的运算放大器电

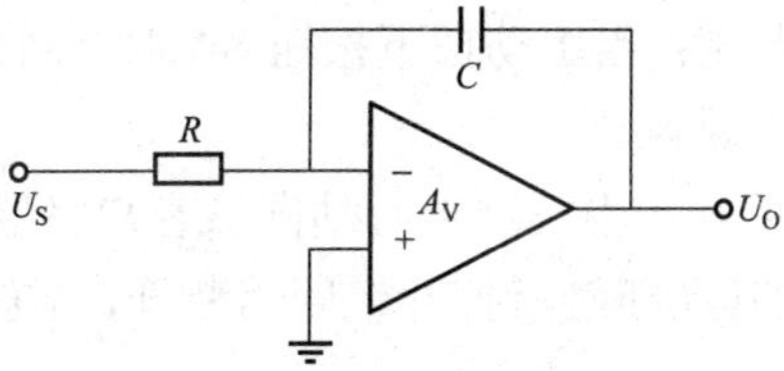

图 E-33

路，使 $U_O/U_S=-(R_f/R_1)$其中 U_O 为电路的输出电压，U_S 为电路的输入电压。

答：如图 E-34 所示。

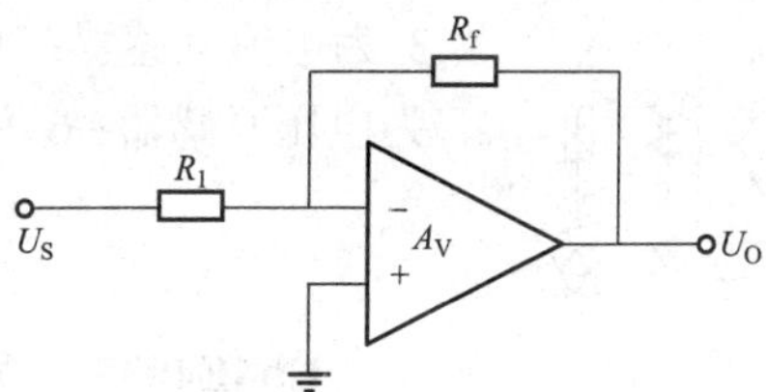

图 E-34

Lb3E1033　图 E-35 是某单位配电室进线开关接入负控跳闸后的二次接线图，简述其开关跳闸的动作过程（开关为无压释放脱扣跳闸方式）。

答：（1）正常情况，负控终端未发出跳闸指令，KCO 不动作，其动断触点闭合，手动按钮处于闭合状态，断路器合闸后 QF 辅助接点闭合，YT 长期处于励磁状态而使开关处于合闸位置。

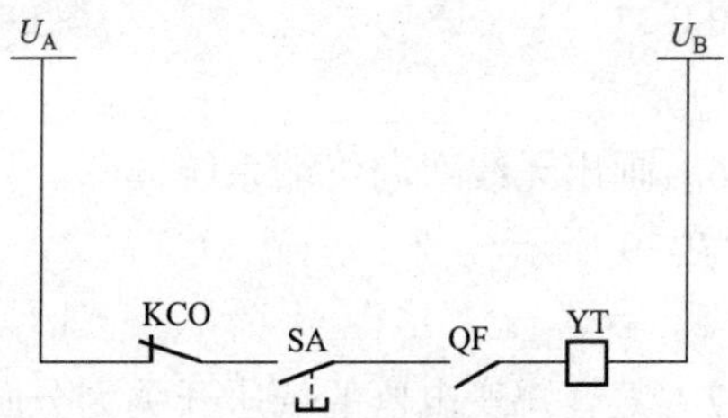

图 E-35

YT—跳闸线圈；QF—断路器；KCO—跳闸出口继电器；SA—按钮

（2）手动跳闸：当手动按下按钮 SA 时，回路断开，YT 失磁，断路器脱扣跳闸。

（3）自动跳闸：当负控中心站向该客户终端发出跳闸指令后，KCO 启动其动断触点打开，回路断开，YT 失磁，断路器脱扣跳闸。

Lb5E2034 指出图 E-36 各序号表示何种设备。

答：1 为母线；2 为隔离开关；3 为电流互感器；4 为熔断器；5 为电压互感器；6 为断路器（或开关）。

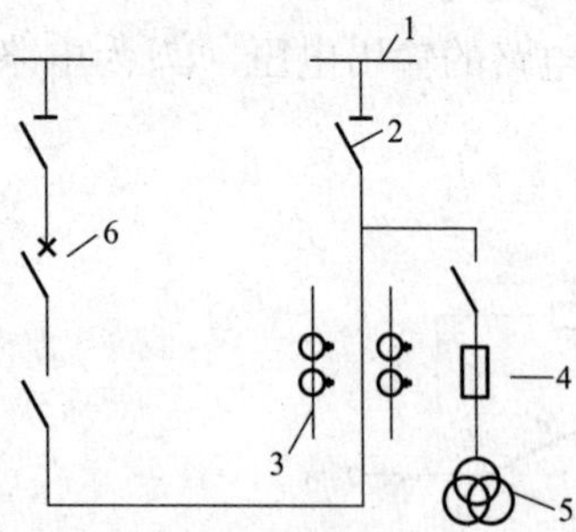

图 E-36

Lb4E4035 负荷控制终端地址通常用二进制或十六进制表示。S1 为高位的，S2 为低位的，如图 E-37 所示。如有地址为 1107，请填写正确的拨位，并用 16 进制表示。

答：如图 E-38 所示。

S1								
S2								

图 E-37

S1	0	0	1	0	0	0	0	0
S2	1	1	0	0	1	0	1	0

十六进制表示为0453H

图 E-38

Lb4E1036 画出无线双向终端系统框图。

答：如图 E-39 所示。

Lb3E2037 某客户变电器的低压开关为分励跳闸方式，画出该开关的遥控跳闸接线图。

答：如图 E-40 所示。

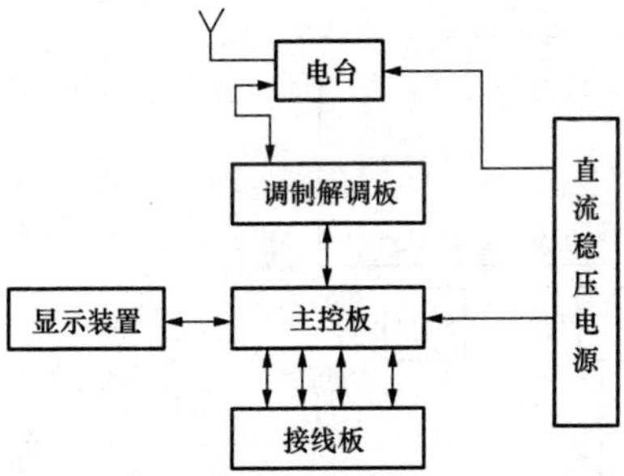

图 E-39

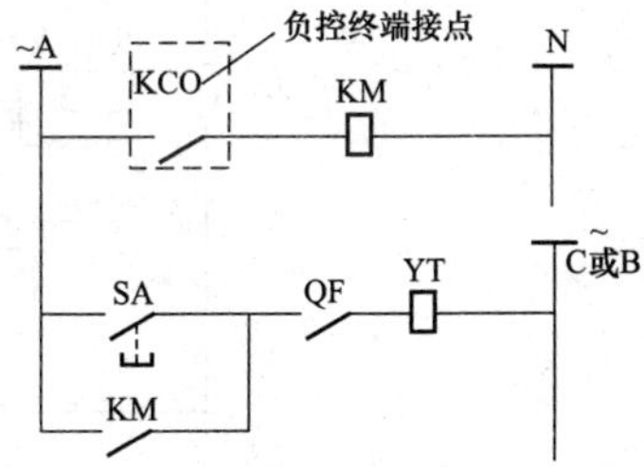

图 E-40

YT—跳闸线圈；KCO—跳闸出口继电器；
QF—断路器；SA—按钮

Lb3E2038 画出终端接收信号电平的测试图，并说明其测量方法。

答：如图 E-41 所示。

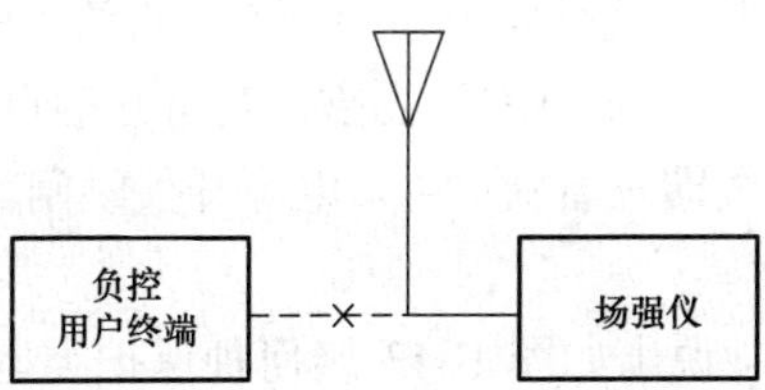

图 E-41

测量方法：

（1）关闭终端电源；

（2）将终端的天线电缆按图 E-41 方式连接至场强仪；

（3）将场强仪“dBμV/dBμV/m”开关切至 dBμV 位，打开主站发射机发射一单音信号，此时场强仪指示表所指示的值即为该终端接收信号电平。

Lb4E2039 如图 E-42 所示为电流速断保护单相原理接线图，当“k”点发生短路时，试说明其动作过程。

答：如图 E-42 所示。

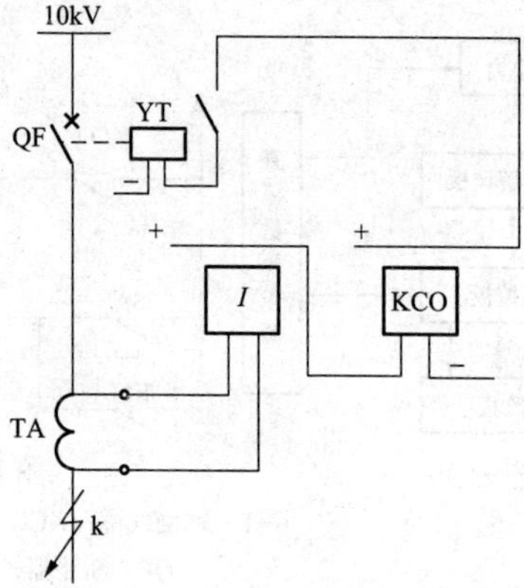

图 E-42

TA—电流互感器；KCO—出口继电器

当“k”点发生短路时，有短路电流过 TA，保护的测量元件“I”励磁，其执行元件常开触点闭合，直流（+）电源→KCO线圈→直流（–）电源，KCO 励磁，其常开触点闭合直流（+）电源→YT 跳闸线圈→直流（–）电源开关跳闸。

Lb4E2040 说出如图 E-43 属何种保护类型，写出下图逻辑动作过程。

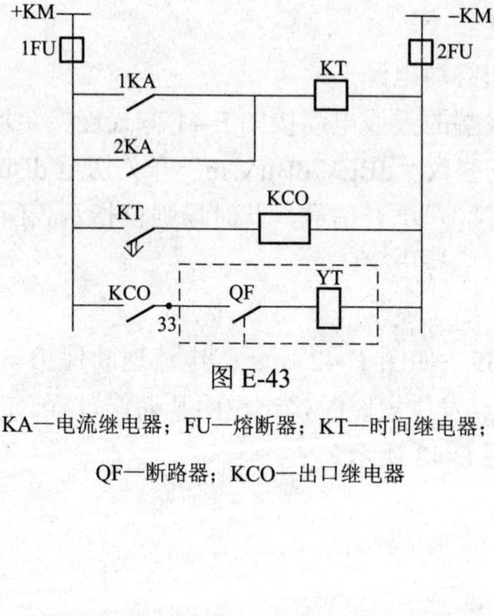

图 E-43

KA—电流继电器；FU—熔断器；KT—时间继电器；

QF—断路器；KCO—出口继电器

答：如图 E-43 所示。

该展开图属定时限过电流保护，其动作过程：

（1）当测量元件动作时，电流继电器 1KA 或 2KA 线圈励磁。

（+）电源→$\frac{\text{1KA}}{\text{2KA}}$→动合触点→KT 线圈励磁→（–）电源。

（2）（+）电源→KT 延时闭合的动合触点→KCO 线圈励磁→（–）电源。

（3）（+）电源→KCO 动合触点→开关辅助接点 QF→跳闸线圈 YT 励磁→（–）电源一次断路器动作。

Lb4E2041 某单位配电系统接地方式为 T-T 系统，画出 T-T 系统的接线图，并说明其特点及适用范围。

答：如图 E-44 所示。

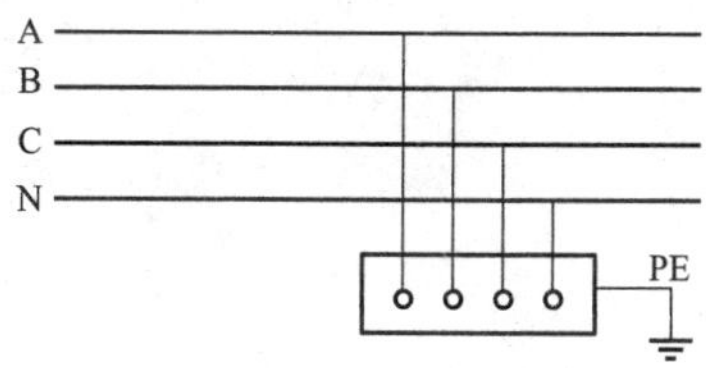

图 E-44

特点：配电系统有一个直接接地点，其电气设备的金属外壳用单独的接地棒接地，与电源在接地上无电气联系，属于保护接地。

适用范围：适用于对电位敏感的数据处理设备和精密电子设备的供电。

Lb4E2042 图 E-45 为一客户配电室的一次接线图，若需全所停电，写出停电顺序。

答：停电顺序：

（1）断开 20 断路器，拉开 206、201 隔离开关；

（2）断开 21 断路器，拉开 216、21 隔离开关；

（3）断开 051 刀闸；

（4）断开 01 断路器，拉开 011、016 隔离开关；

（5）拉开高压跌落熔断器；

（6）在 01 断路器与 016 隔离开关之间验电接地。

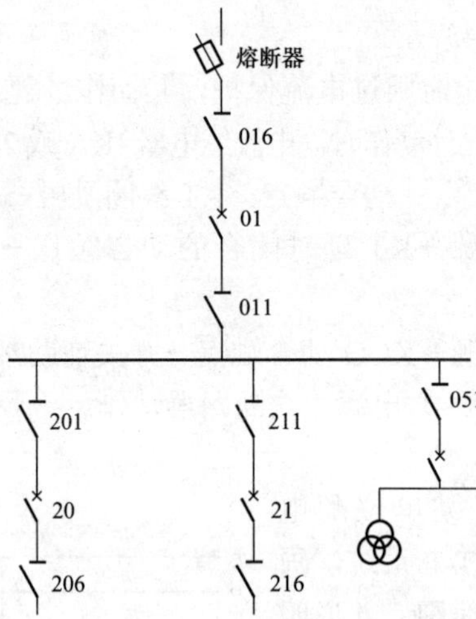

图 E-45

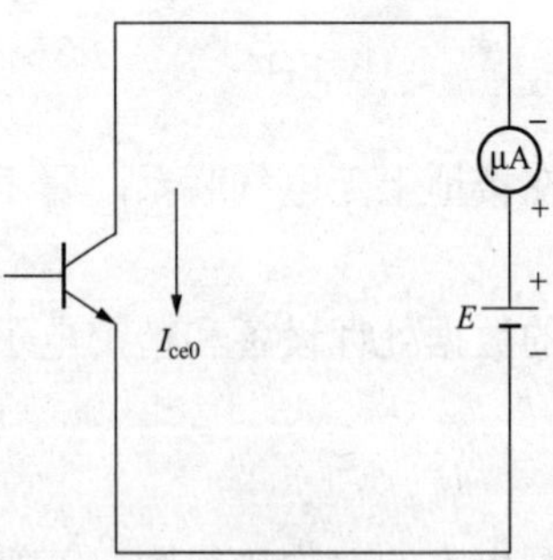

图 E-46

Lb3E3043 画出测量三极管穿透电流的电路图。

答：如图 E-46 所示。

Lb4E4044 图 E-47 为一单相电路电能表的接线图，分析该种接线有无错误，画出正确的接线图。

答：图 E-47 为一单相电能表的错误接线，表面上看电流线圈是串入被测电路的，但如果客户将用电设备接到相线与大地之间，则电能表上虽有电压，而流经电流的电流很小或等于零，造成电能表少计或不计电量，正确接线见图 E-48。

Lb4E4045 绘出单相电能表经电流互感器的电压线和电流线共用方式的接线图（注：电能表端钮盒内电压线与电流线的连接片不拆）。

答：如图 E-49 所示。

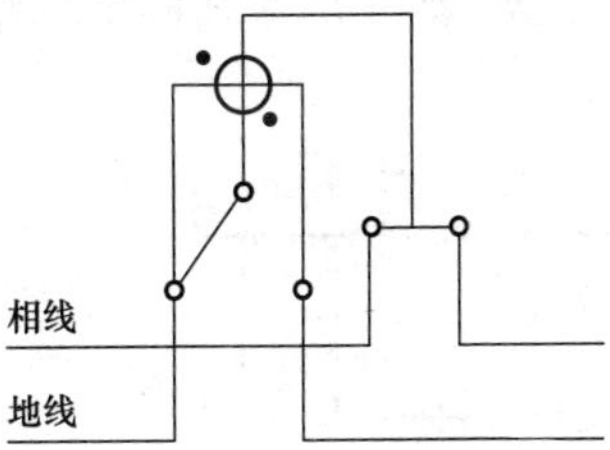

图 E-47

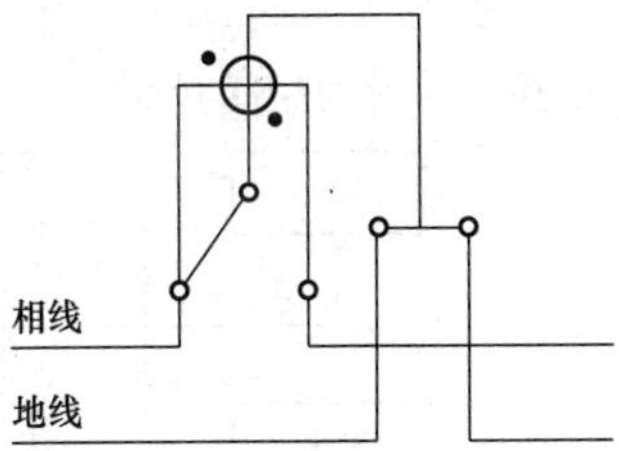

图 E-48

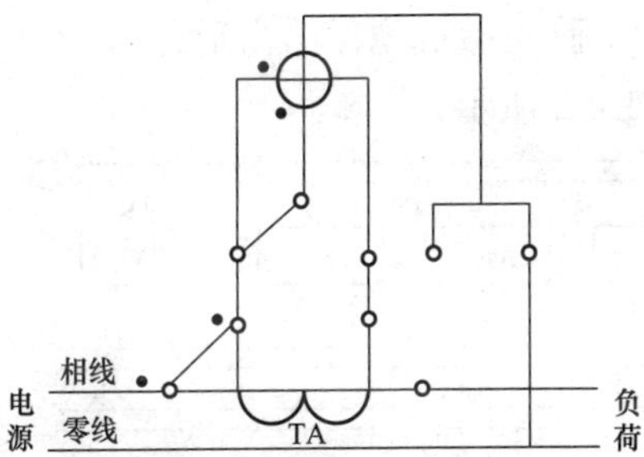

图 E-49

Lb3E4046 画出共射极放大电路图。

答：如图 E-50 所示。

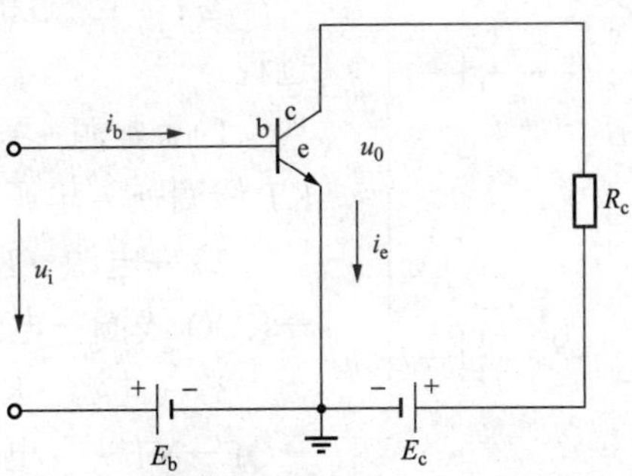

图 E-50

Lb3E1047 计算机由运算器、控制器、存储器、输入设备、输出设备五大部分组成。请用连线连接，组成基本结构原理图。

答：如图 E-51 所示。

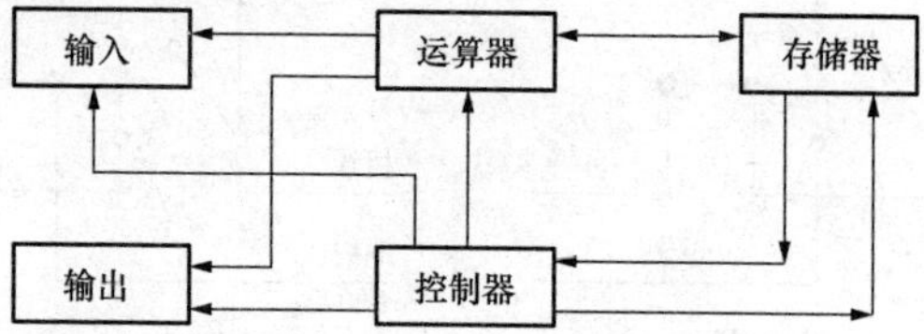

图 E-51

Lb3E1048 画出微机硬件结构示意图。

答：如图 E-52 所示。

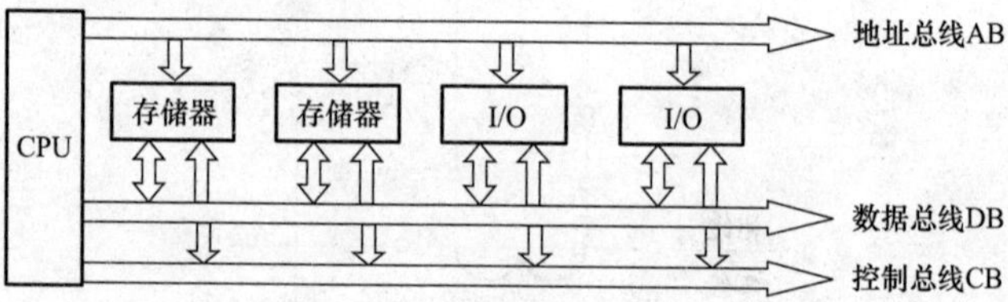

图 E-52

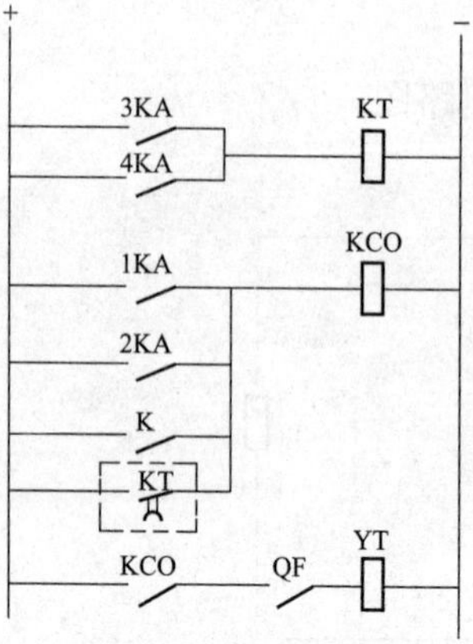

图 E-53

KA—电流继电器；KT—时间继电器；KCO—出口继电器；YT—跳闸线圈；K—负控终端遥控跳闸继电器

Lb3E2049 简述图 E-53 的动作过程。

答：（1）过流保护的动作过程：

1）+电源→3、4KA 触点→KT 线圈→ −电源；

2）+电源→KT 延时触点→KCO 线圈→电源−；

3）+电源→KCO 动合触点→QF→YT→ −电源（YT 启动即跳闸）。

（2）速断保护的动作过程：

1）+ 电源→1、2KA 触点→KCO 线圈→ – 电源。

2）+ 电源→KCO 触点→QF→YT→电源 –。

（3）负控遥控跳闸的动作过程。

1）负控主台发出跳闸指令→终端跳闸继电器启动→K 闭合。

2）+ 电源→K→KCO 线圈→电源 –。

3）+ 电源→KCO 触点→QF→YT→ – 电源。

Lb3E2050 画出常见的客户单电源供电 10kV 高压配电室一次接线图。

答：如图 E-54 所示。

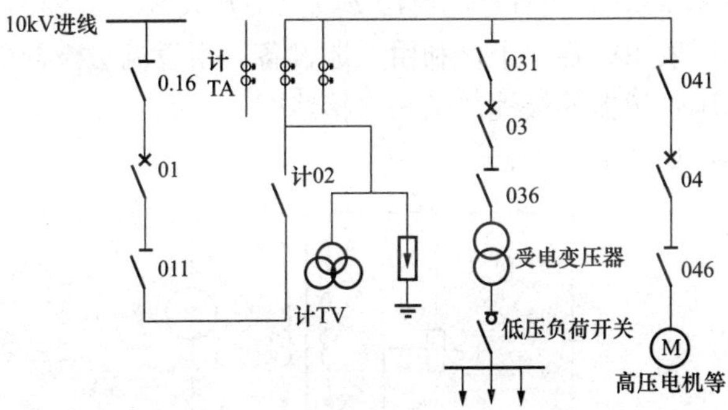

图 E-54

Lb3E2051 画出 FSK 调制解调器原理框图。

答：如图 E-55 所示。

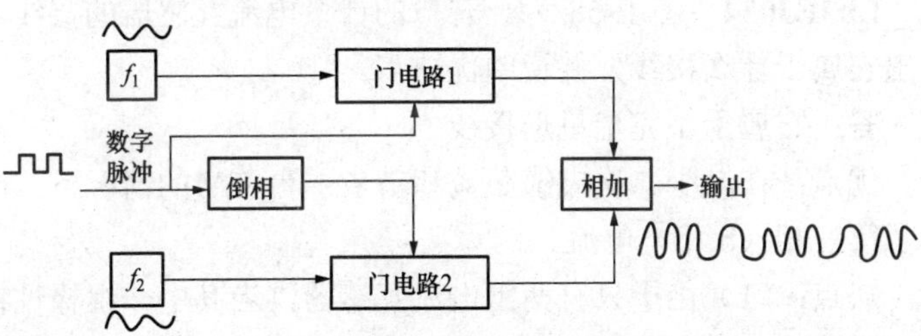

图 E-55

Lb3E3052 画出三相三线制有功电能表的标准接线。

答：如图 E-56 所示。

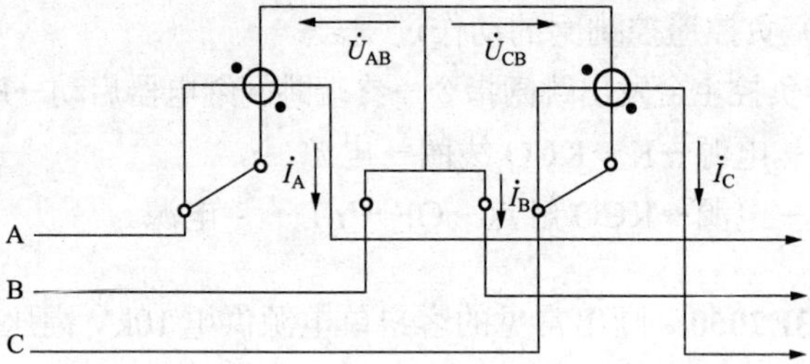

图 E-56

Lb3E3053 现有直流电源 *E*、控制开关 S、可变电阻 *R*、直流电压表 PV 各一个，利用上述设备，用直流法检查单相双线圈电压互感器的极性，试画出接线图。

答：如图 E-57 所示。

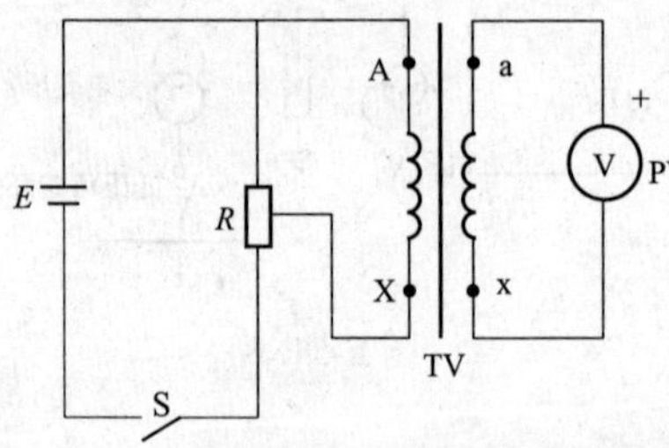

图 E-57

Lb3E3054 图 E-58 为一客户的计量电流互感器的接线，指出它属于什么接线，并说明优缺点。

答：它属于不完全星形接线。

优点：在减少二次电缆芯数和节省一台 TA 的情况下，取得了第三相（b 相）电流。

缺点：（1）由于只有两组电流互感器，当其中一组极性接反时，则公共线中的电流变为其他两种电流的相量差，造成错误计量，且错误接线的机会是较多的；

（2）给现场单相法校验电能表带来困难。

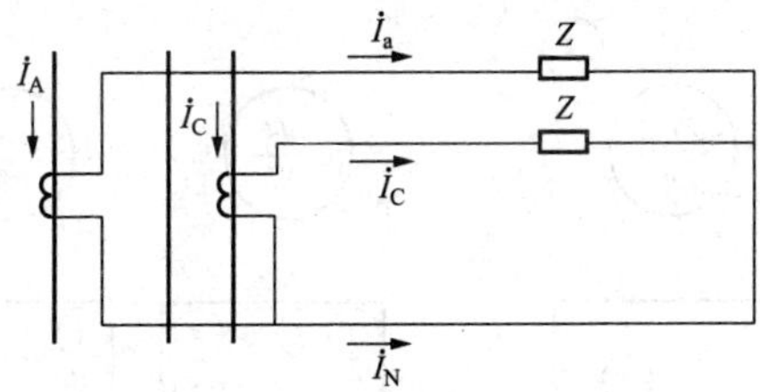

图 E-58

Lb3E3055 画出有附加电流线圈的三相无功电能表的测量接线图。

答：如图 E-59 所示。

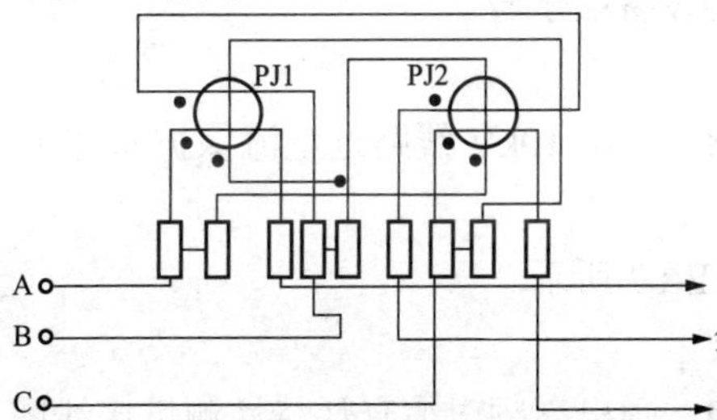

图 E-59

Lb3E3056 画出三相四线有功电能表接线示意图。

答：如图 E-60 所示。

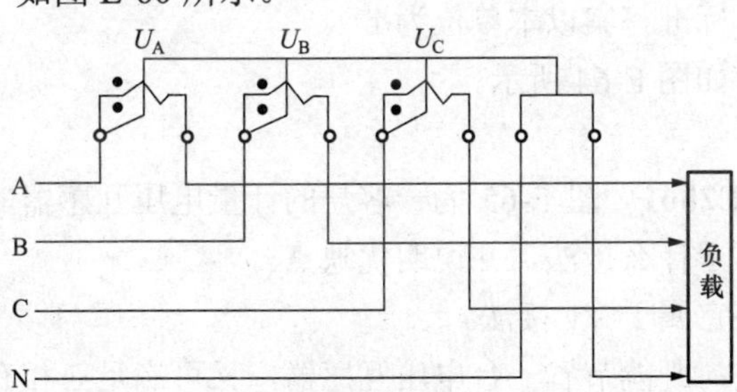

图 E-60

Lb2E1057 写出图 E-61 中①、②、③、④所指符号的含义。

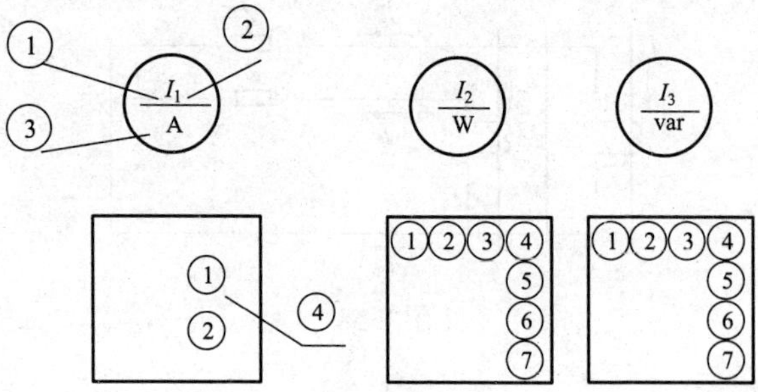

图 E-61

答：① 为安装单位编号；② 为设备顺序号；③ 为设备文字符号；④ 为设备端子号。

Lb2E2058 画出 10kV 线路过电流保护原理图，并根据该原理图画展开图。

答：如图 E-62 所示。

Lb2E2059 画出高频电缆衰耗特性测量接线图。

答：如图 E-63 所示。

Lb2E2060 画出无线电负荷控制系统构成框图（此答案谨供参考，标准答案以本单位为准）。

答：如图 E-64 所示。

Lb2E2061 图 E-65 为一客户的计量电压互感器的接线，指出它属于什么接法，并说明优缺点。

答：它属于 Vv 接法。

优点：既能节省一台电压互感器，又可满足三相有功、无功电能表和三相功率表所需的线电压。

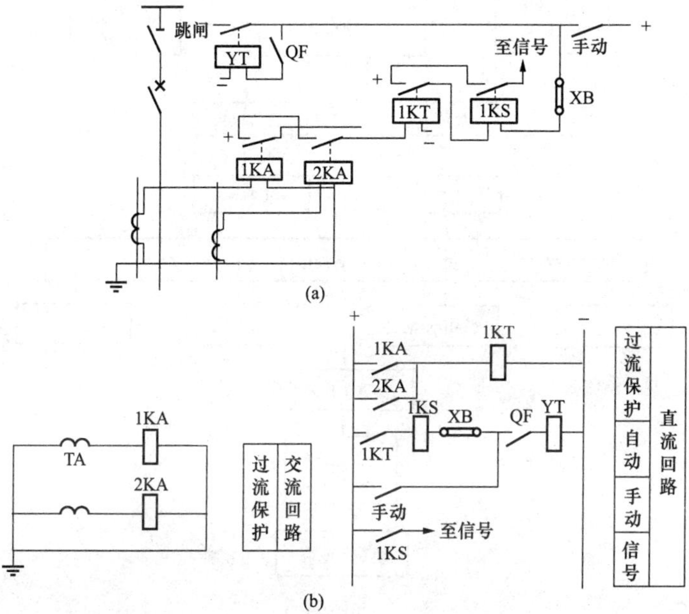

图 E-62

（a）原理图；（b）展开图

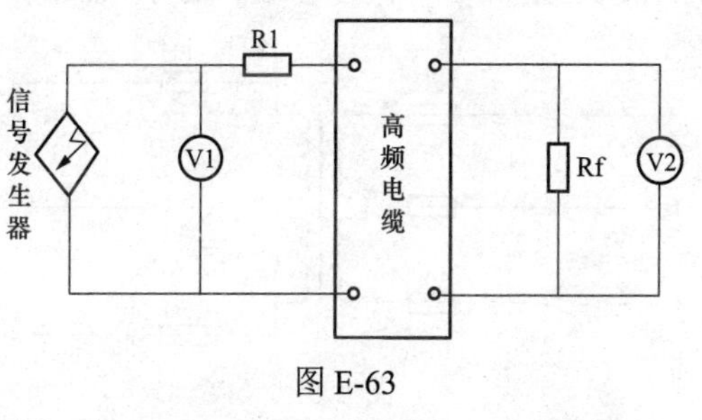

图 E-63

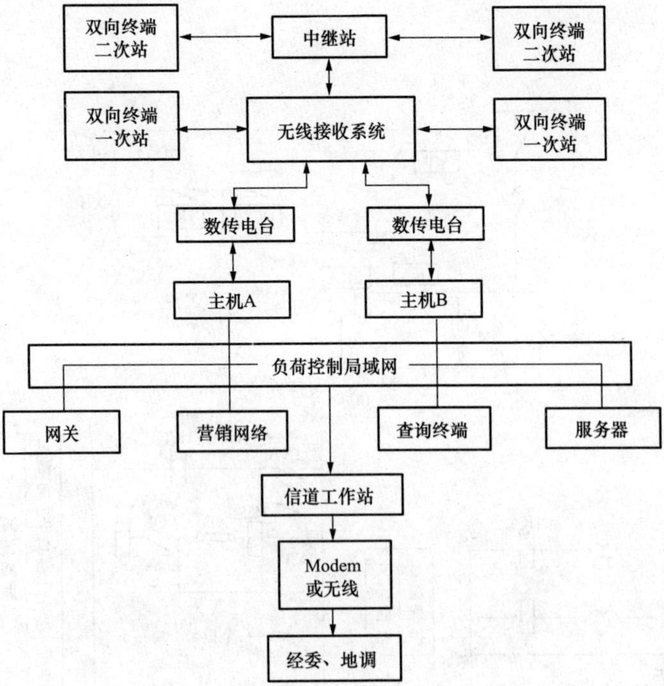

图 E-64

缺点：（1）不能测量相电压；

（2）不能接入监视系统绝缘状况的电压表；

（3）总输出容量仅为两台容量之和的 $\sqrt{3}/2$ 倍。

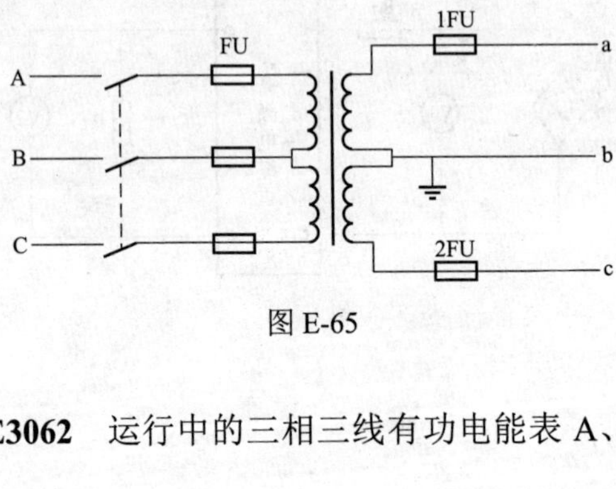

图 E-65

Lb2E3062 运行中的三相三线有功电能表 A、C 相电流接线正确，A、B、C相电压误接为B、A、C相电压，画出此情况时的相量图。

答：如图E-66所示。

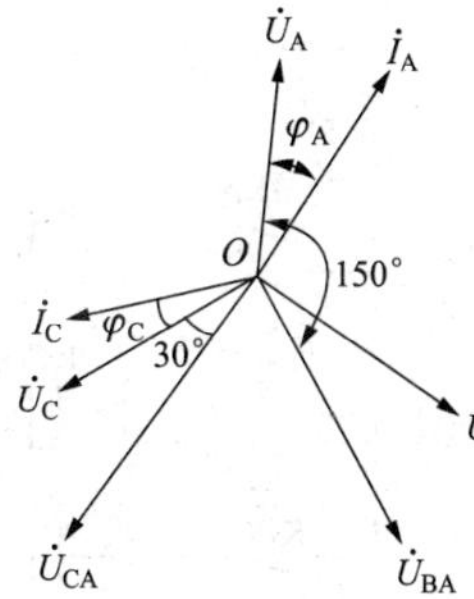

图E-66

Lb2E3063 画出电子式三相电能表原理框图。

答：如图E-67所示。

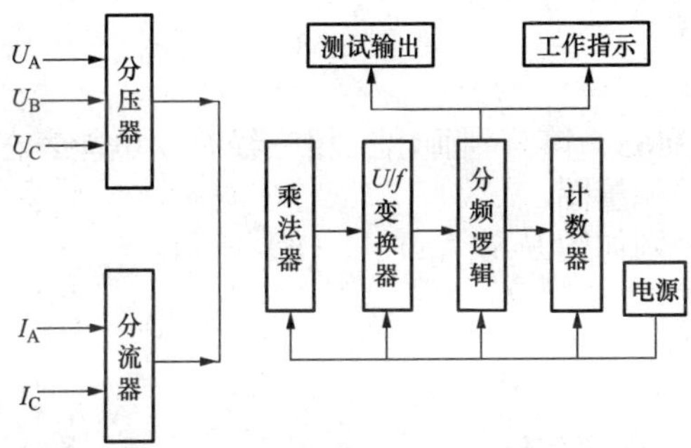

图E-67

Lb1E1064 如图E-68所示为负控终端被控开关接线图，（K为负控终端跳闸出口继电器触点），请评价图（a）和图（b）的优缺点？

答：图（a）终端跳闸出口继电器触点K与时间继电器触点并联，当终端执行跳闸指令时，启动KCO线圈，断路器跳闸时，由QF切弧，这样就避免了由于K触点直流有感遮断容量较小，容易被烧坏的缺点。

图（b）终端跳闸出口继电器触点K与KCO、QF并联，当终端执行跳闸指令时，K直接启动跳闸线圈YT，由于K触点直流有感遮断容量较小，很容易烧坏K触点。这种接法在实际工作中，不宜采用。

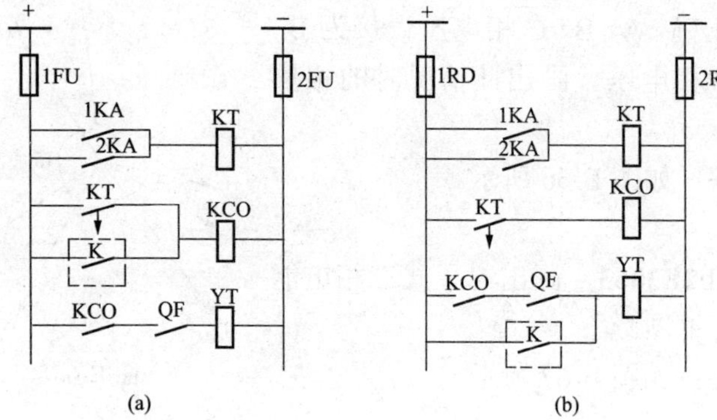

图 E-68

Lb1E3065 请分别画出三相三线有功电能表在感性和容性负载下的相量图。

答：分别如图 E-69（a）和（b）所示。

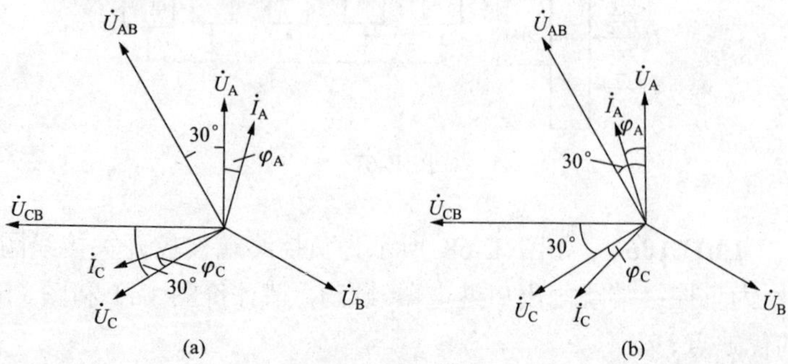

图 E-69

Lb1E3066 画出通过互感器接入的三相三线有功电能表感性负载时的相量图。

答：如图 E-70 所示。

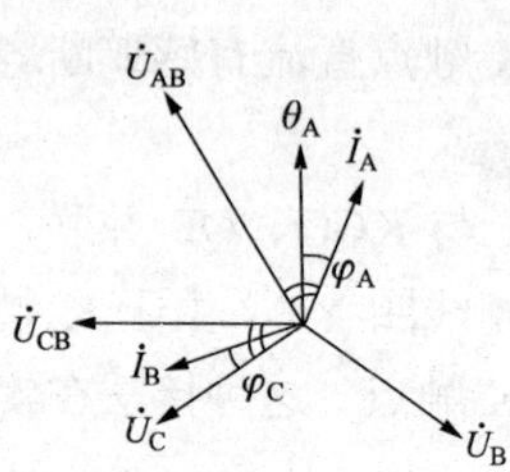

图 E-70

Lb1E1067 画出微机存储器结构示意图。

答：如图 E-71 所示。

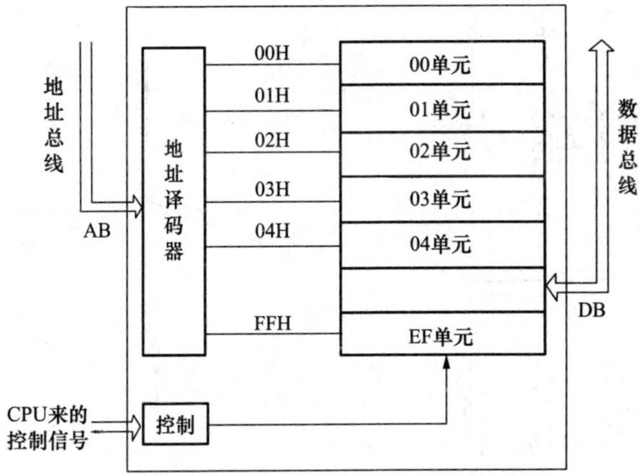

图 E-71

Jd3E1068 根据下表中的数据画出该直流电阻的伏安特性曲线，并说明其关系。

U（V）	10	30	100	150	……
I（A）	0.2	0.6	2	3	……

答： 如图 E-72 所示，直流电阻的伏安特性是线性的。

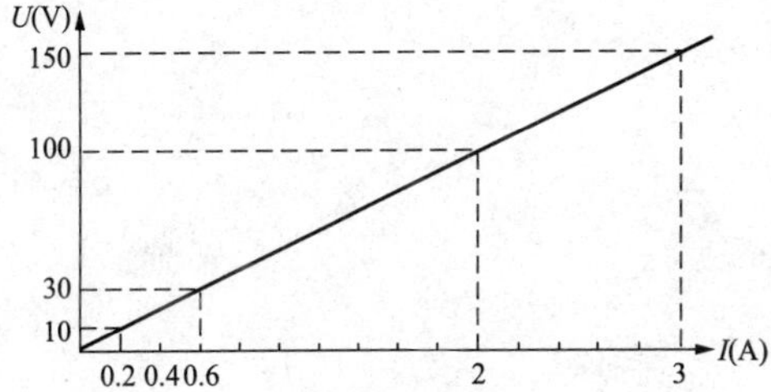

图 E-72

Jd3E3069 画出图 E-73（a）的一次、二次相量图，并指出接线组别。

答： 如图 E-73（b）所示，$\dot{U}_{AB}$ 与 $\dot{U}_{ab}$ 同相，故该种接线属于 Yy0 接线。

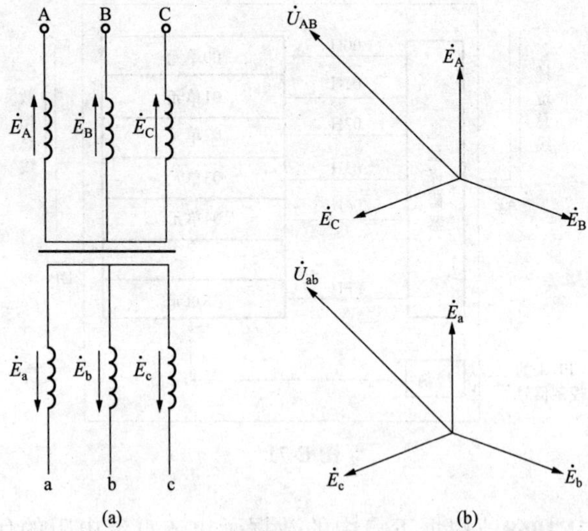

图 E-73

（a）接线图；（b）相量图

4.1.6 论述题

La5F2001 什么是电力系统？什么是电力网？

答：由发电机、电力网以及用户组成的整体，生产、输配电及应用电能的系统，称为电力系统。电力网是将各电压等级的输电线路和各种类型的变电站连接而成的网络。电力网按其在电力系统中的作用不同，分为输电网和配电网。

La5F3002 有一台万用表，在检查时轻轻晃动一下表头，发现指针晃动的很厉害，较长时间才能静止下来，分析其可能的故障原因。

答：故障原因可能有两个方面。

（1）表头动圈断开或者有脱焊现象。

（2）电流回路有断路现象。因为电流回路在万用表中是与表头串接在一起的封闭回路，它对表头起一定的阻尼作用，如果电流回路有断路（即电流量程某一电阻烧断了），就会出现表针晃动不定的现象。为了准确地判断表头的好坏，可以将表头的正、负端短接起来，再轻轻晃动表头。如果表头指针基本上静止不动，说明表头是好的；如果指针晃动很长时间才静止下来，那么表头肯定有故障，必须先把表头修好并对灵敏度进行校准后才能进行下一步修理。

La4F4003 什么叫电力营销？试述电力市场营销的作用与功能。

答：所谓电力市场营销，就是在变化的电力需求和市场环境中为满足消费需要，实现电力企业的商务活动过程。其作用就是解决电力生产与消费的矛盾，满足各种电力消费需求。

电力营销的功能分为三类，即商品交换功能、电力商品流通功能和便利功能。

（1）商品交换功能。包括电力商品的购买和销售两个方面，二者都是为实现商品所有权的转移。

（2）电力商品流通功能。包括电力商品的输送及输送方式等。

（3）便利功能。它是有利于向电力消费者供电，并有利于控制电力商品的流向和流量，创造一切条件是买卖双方在交易上方便的功能。

La3F3004　使用电流互感器应注意哪些事项？

答：使用电流互感器应注意：

（1）选择电流互感器的变比要适当，额定容量要大于二次负载容量，以确保测量准确。

（2）电流互感器一次绕组串联在线路中，二次绕组串接于测量仪表和继电器，接线时要注意极性正确，尤其是电能表、功率表极性不能接错。

（3）电流互感器运行时，在二次回路工作，不准开路以确保人身和设备安全，如需校验或调换电流互感器二次回路中测量仪表时，应先用铜片将电流互感器二次接线端柱短路。

（4）电流互感器二次侧应有一端接地，以防止一次、二次绕组之间绝缘击穿，危及人身和设备的安全。

La3F3005　利用直流法如何定单相电压互感器的极性（见图F-1）？

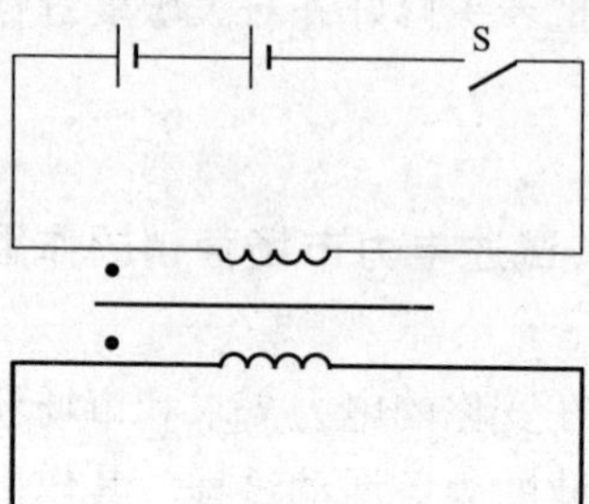

图 F-1

答：用直流法检查电压互感器极性时，直流电源应接在电压互感器的高压侧，如图 F-1 所示。若极性正确，在合开关的瞬间，万用表直流毫伏档的指针应从零向正方向偏转；当断开开关的瞬间，万用表指针应向相反的方向偏转。

La3F3006　简述在使用钳形电流表时要注意哪些问题。

答：（1）测量前应先估计被测电流的大小，选择合适的量程档。若无法估计则应先用较大量程档测量，然后根据被测电流的大小再逐步换成合适的量程。

（2）测量时被测载流导线应放在钳口内的中心位置，以免增大误差。

（3）为使读数准确，钳口的结合面应保持良好的接触，如有杂声，应将钳重新开合一次。若杂声依然存在，应检查钳口处有无污垢存在，如有可用汽油擦干净。

（4）测量较小电流时，为了使读数较准确，在条件许可时，可将被测导线多绕几圈，再放进钳口进行测量，实际电流值等于仪表的读数除以放进钳口中的导线圈数。

（5）测量完毕一定要把仪表的量程开关至于最大量程位置上，以防下次使用时，因疏忽大意未选择量程就进行测量，造成意外损坏仪表。

La3F3007　什么叫并联谐振？它是怎样产生的？

答：在电感和电容并联电路中，出现并联电路的端电压相位与总电流相同，即$\varphi=0^\circ$，电路呈现电阻性，这种情况叫做并联谐振。

并联谐振产生的原因是：在电感和电容并联电路中，当电源频率为f_0时，如果容抗和感抗相等，是一种完全的补偿，也就是说电感的无功功率恰好等于电容的无功功率，能量在电感和电容之间进行交换。即某一瞬时已储能的电容向电感放电，另一瞬间电感给电容充电。这样往返充放电，就不需要电源向并联回路供给无功功率。电感和电容之间进行能量的交换的条件是

$$C=L/[R^2+(\omega L)^2]$$

从上式可以看出，并联谐振与C、L、R、ω有关。当上式中ω、R、C一定时，改变L的值可以达到谐振条件。当上式中L、R、

C 一定时，改变电源频率 ω，则当 $f_0=1/(2\pi)\times\sqrt{1/LC-(R/L)^2}$ 或当角频率 $\omega_0=\sqrt{1/LC-(R/L)^2}$ 时，也会产生谐振。

La3F3008　简述无线电通信基本原理。

答：无线电通信的基本原理是：将带有信息的低频信号以某种方式加载到高频振荡波上，使高频振荡波的幅度、频率或者相位随低频信号的变化而变化，然后通过天线向空中辐射。接收端的天线把接收到的高频振荡波送入接收机，恢复出低频信号，从而完成信息的无线电传输。

La3F5009　什么是短路？电网中可能发生哪些类型的短路故障？短路对电力系统有什么危害？

答：短路是指电力系统正常运行方式以外的一切相与相之间的短接，在中性点直接接地系统中，除了相与相之间的短接外，还指一相或多相接地（或接中性线）。

（1）对称短路：三相短路，三相同时在一点发生的短路。由于短路回路的三相阻抗相等，因此三相电流和电压仍是对称的，故称三相短路。

（2）不对称短路：短路后使三相回路不对称的短路形式，电网在同一地点发生的不对称短路主要有两相短路、单相接地短路及两相接地短路三种。

短路的危害如下：

（1）发生短路时，由于网络的总阻抗减小，回路中将流过比正常状态时额定电流大得多的短路电流。巨大的短路电流会使导体严重发热，造成导体融化和绝缘损坏，短路电流产生很大的电动力会使导体或绕组变形而严重损坏。

（2）短路时往往伴随着电弧的产生，这不仅可能烧毁故障元件本身，也可能烧毁周围的设备。

（3）由于短路电流基本上是感性的，它将产生磁性电枢反应，使发电机端电压下降，电网电压下降，越靠近短路点电压越低。当供电地区的电压降低到额定电压的60%左右也不能立即切除故障时，就可能引起电网崩溃，造成大面积停电。

（4）短路使电网中功率分布的突然变化和电网电压的降低，可能导致并列运行的同步发电机之间失去同步。在短路故障切除后，重新拉入同步的过程可能引起系统振荡，以至于引起继电保护误动作及大量甩负荷。

（5）不对称接地短路故障会产生零序电流，它将在临近线路上产生感应电动势，造成对通信线路和信号系统的干扰。

La3F5010　用户的变、配电站有哪些类型？各有何特点？

答：用电单位常用的供电系统，按其用电性质和客观条件不同，目前可分为以下几种类型：

1. 户外变电站

这种变电站一般采用露天结构，变压器及主要电器设备装于户外。

户外变电站的结构特点：

（1）占地面积大，建筑面积小，土建费用节省。

（2）这种变电站适用于电压等级较高，土建需要工程量很大，而且环境条件较少粉尘和污染的开阔地带。

（3）受环境污染严重，不宜建在沿海地区，化工和水泥行业不宜采用。

（4）由于运行时噪声较大，不宜在市区建设。

2. 户内变电站

这种变电站在人口比较密集的地区和环境不好的地区宜采用，其高压设备和变压器装于室内，既有利于美化市容，又能减少噪声对城市环境的污染。

户内变电站的结构特点：

（1）占地面积小，但建设费用高。

（2）受外界环境污染少，减少了维修工作量。

3. 地下变电站

这种变电站建于地下，但是对电压过高的变电站，绝缘距离问题不好处理。

地下变电站的结构特点：

（1）适合于人口密集的地区。

（2）节省占地，土建工程量大，设备造价高。

（3）保密性好，但使用电缆较多。

4. 移动式变电站

它是将变压器装于车上便于移动。适用于电压不太高，容量不大的场合及临时用电。

移动式变电站的结构特点：

（1）电器设备装于车上，结构紧凑。

（2）容量不大。

（3）设备简单，使用灵活。

5. 箱式变电站

这种成型设备是近几年发展研制而成，目前正在推广，所有高、低压电器设备装于定型的铁箱内。

箱式变电站的结构特点：

（1）占地面积小，无需土建工程，建设工期短，建设费用低。

（2）适用灵活，不需要值班，操作方便。

（3）总投资省，操作安全。

6. 户外简易型变电站

这种变电站全部设备置于户外，控制及保护方式比较简单，可免除运行值班人员。一般电压在 35kV 级以下，容量小，适合于农业用电变电站。

户外简易变电站的结构特点：

（1）变电站土建工程量小，保护及控制设备简化，投资小。

（2）容量小，主接线方式简单。

（3）对环境影响较小，维护工作量小。

Lb5F3011　使用安全用具时要注意哪些事项？

答：（1）安全用具要加强日常保养，防止受潮、损坏和脏污。

（2）使用绝缘手套前要仔细检查，不能有破损和漏气现象。

（3）辅助安全用具不能直接接触 1kV 以上的电气设备，在高压工作使用时，需要与其他安全用具配合使用。

（4）使用验电器时，应将验电器慢慢地靠近电气设备，如氖光灯发亮表示有电。验电器必须按其额定电压使用，不得将低压验电器在高压上使用，也不得将高压验电器在低压上使用。

（5）使用绝缘杆操作带电设备时，必须戴绝缘手套。

Lb4F2012　集中型、分散型负荷控制系统的定义是什么？

答：集中型：控制中心通过各种信道，将各种负荷控制指令传送到安装在各个客户端的负荷控制装置上，直接控制客户用电设备的控制系统。

分散型：安装于用户配、变电站或用电设备，按预先设定的定值、时段和时间程序，完成各种当地控制任务的装置。

Lb4F2013　工作人员工作中正常活动范围与带电设备的安全距离是如何规定的？

答：电压等级在 10kV 及以下，安全距离为 0.35m；电压等级在 20～35kV，安全距离为 0.6m；电压等级在 44kV，安全距离为 0.9m；电压等级在 60～110kV，安全距离为 1.50m；电压等级在 154kV，安全距离为 2.00m；电压等级在 220kV，安全距离为 3.00m；电压等级在 330kV，安全距离为 4.00m；电压等级在 500kV，安全距离为 5.00m。

Lb4F3014　工作票的用处是什么？有哪几种？

答：工作票是准许在电气设备上工作的书面命令，也是明确安全职责，向工作人员进行安全交底，以及履行工作许可手续，工作间断、转移和终结手续，并实施保证安全技术措施等的书面依据。因此在电气设备上工作，应按要求认真填用工作票是十分必要的。工作票有下列三种：

（1）第一种工作票。

（2）第二种工作票。

（3）口头和电话命令。

Lb4F3015　电气装置的防火要求有哪些？

答：针对各种具体情况的防火要求是：

（1）电气装置要保证符合规定的绝缘强度。

（2）经常监视负荷，不能超载，限制导线的载流量，不得长期超载。

（3）严格按安装标准装设电气装置，质量要合格。

（4）防止机械损伤破坏绝缘以及接线错误等造成设备短路。

（5）导线和其他导体的接触点必须牢固，防止过热氧化。

（6）工艺过程中产生静电时要设法消除。

Lb3F3016　接地有什么作用？接地方式有几种？

答：接地的主要作用是保护人身和设备的安全，所以电气设备需要采取接地措施。

根据接地目的的不同，按其不同作用的接地方式有：

（1）保护接地。

（2）工作接地。

（3）防雷接地（过电压保护接地）接零。

（4）重复接地等。

Lb3F3017　高频同轴电缆敷设应注意什么？

答：（1）同轴电缆应尽可能短，可以减少无谓的馈线衰耗。

（2）同轴电缆顺天线塔向下敷设，应每间隔 0.8～2m 的距离加以固定，以分散同轴电缆向下的重力。

（3）电缆插头应保护好电缆外护套不应有破损，以防止电缆受潮致使性能变坏。

（4）同轴电缆的施放应注意它的弯曲半径，不能超过同轴电缆技术条件所容许的弯曲半径。

Lb3F3018　试述控制电缆、信号电缆、屏蔽电缆、高频电缆、天线的作用。

答：控制电缆：用于负荷控制终端对控制对象的连接，其中包括连接被控开关、检测开关变位情况，以及检测供电线路的电压和电流值。

信号电缆：主要用于对信号的采集，其中包括脉冲电能表脉冲信号的采集和智能电能表 RS–485 接口信号的采集。

屏蔽电缆：具有抗干扰作用。

高频电缆：用于传送高频信号。

天线：用于接收和发射信号。

Lb3F3019　简述感应式电能表的转动原理。

答：电能表接在交流电路中，当电压线圈两端加以线路电压，电流线圈中流过负载电流时，电压元件和电流元件就产生不同相位的电压和电流工作磁通，它们分别通过圆盘，并在圆盘中产生相应涡流。于是电压工作磁通与由电流工作磁通产生的感应涡流相互作用，作用的结果在圆盘中就形成以圆盘转轴为中心的转动力矩，使电能表圆盘始终按一个方向转动起来。

Lb3F3020　简述分时电能表的作用。

答：分时电能表能把高峰用电时段和低谷用电时段的用电量和总用电量分别记录下来，还可将高峰和低谷时段以外时间内的用电量（即为“平时段”）记录下来或计算出来。这样，就可按不同的用电时段收取不同的电费。这是更能贯彻合理负担的比较公平的一种收费办法，也就是用经济手段来达到移峰填谷、合理用电的办法。

Lb3F3021　简述遥控、遥测、遥信的含义及在负荷控制系统中的应用。

答：遥控：指通过某种传输方式，远距离控制被控对象完成各种操作。在电力负荷控制中，常用于对客户的被控回路进行遥控跳、合闸。

遥测：指通过某种传输方式，对远方某物理量进行测量和数据采集。在电力负荷控制中，常用于对客户的电力（包括负荷、电能、电压、电流等）数据进行测量和采集。

遥信：指通过某种传输方式，对远方某对象的状态进行监视和采集。在电力负荷控制中，常用于对客户的被控开关的闭、合状态进行监视和采集。

Lb3F3022　哪些工作填写第一种工作票？哪些工作填写第二种工作票？

答：填用第一种工作票的工作为：

（1）高压设备上工作需全部停电或部分停电者。

（2）高压室内的二次接线和照明等回路上的工作，需要将高压设备停电或做安全措施者。

填用第二种工作票的工作为：

（1）带电作业和在带电设备外壳上的工作。

（2）控制盘和低压配电盘、配电箱、电源的干线上的工作。

（3）二次接线上的工作，无需将高压设备停电者。

（4）转动中的发电机、调相机的励磁回路或高压电动机转子电阻回路上的工作。

（5）非当值人员用绝缘棒和电压互感器定相或用钳形电流表测量高压回路的电流。

Lb3F3023　简述电能表驱动元件、制动元件和计度器的作用。

答：驱动元件的作用：产生磁场，并与圆盘相互作用产生转动力矩，使电能表的转动部分做旋转运动。

制动元件的作用：在圆盘转动时产生制动转矩而使圆盘转速均匀，并使转速与负载的大小成正比。

计度器的作用：用来累计电能表圆盘转数，通过齿轮比把电能表圆盘的转速变为与电能相对应的指示值。

Lb3F3024　试述收信机主要技术指标及合格指标。

答：（1）接收灵敏度：一般是指使接收机输出端达到12dB的信纳比，且输出功率大于额定输出功率50%以上，所需标准测试信号的大小。标准测试信号是指调制间频为1kHz，额定频偏、载频等于接收机工作频率的调频信号。性能良好的接收机灵敏度都在1μV以下。

（2）音频输出功率和谐波失真：音频输出功率是指接收机输入标准测试信号时，接收机输出端的最大不失真音频功率，一般大于0.5W。

谐波失真是指输出音频为额定功率时的输出音频信号失真系数，一般不大于7%。

（3）调制接收带宽：当接收机接收一个比实测灵敏度高6dB的输入射频信号时，加大信号频偏使输出信纳比降到12dB时，这个频偏的2倍定义为调制接收带宽。对于25kHz信道间隔的接收机，调制接收带宽不应小于6.5kHz。

（4）邻道选择性：是指在相邻信道上存在已调无用信号时，接收机接收已调有用信号的能力。用无用信号与可用灵敏度的相对电平表示。对于25kHz信道间隔的邻道选择性应大于70dB。

（5）抗互调干扰：几个不同频率的信号同时进入接收机，经过高放或混频的非线性作用会产生频率组合，即互调。互调生成的频率有可能等于工作频率而干扰接收机正常工作。抗互调干扰是指接收机对与有用信号有互调关系的无用信号的抑制能力，一般应不低于 70dB。

Lb3F3025　天线的安装应注意什么？

答：（1）同塔架设多根天线且需要同时工作时，应注意天线间的距离尽可能远一些，以避免相互之间的隔离度不够而造成互调干扰和阻塞干扰。

（2）天线方向的选择应正对需要通信的方向，出口方向应尽量开阔，天线振子不能离墙太近，以免引起反射影响接收效果。

（3）如架设 10m 以上的天线，支架应四方打拉线，保证天线牢固可靠，支架自身应作接地处理。

（4）天线管接入良好的接地系统，接地电阻应小于 6Ω，馈线应尽量短，馈线两屏蔽层端口应作接地处理。

Lb3F3026　现场调试（主要指系统开通前设备安装时的调试工作）要进行哪些调试？

答：现场调试包括终端调试、主台调试、系统联调。

（1）在安装时，均要进行信道正常与否的调试，同时对终端的功能逐项检测核对。

（2）主台按设计要求进行调试，包括软件和硬件调试。

（3）所有的终端安装完毕后，要做系统联调，联调完毕即系统开通运行。

Lb3F4027　值班人员的主要任务包括哪些？

答：（1）新装客户的注册登记，包括各项预置参数的下达。

（2）负荷计划定值的下达，包括负荷曲线和峰谷电能量计划。

（3）双向终端用电数据的采集。

（4）单向终端用电数据的输入。

（5）负荷控制与负荷平衡工作：值班人员应根据电网调度

要求选取键入预先制定的负荷控制方案并执行，担负负荷控制和负荷平衡职责。

（6）预置数的检查核实。

（7）报表打印与传送。

（8）系统设备的运行监视及切换操作。

Lb2F2028　电力工业生产和建设的基本方针是什么？事故调查的指导思想又是什么？

答：安全第一，预防为主，是电力工业生产和建设的基本方针。发生事故时应立即进行调查分析，要做到事故原因不清楚不放过，事故责任者和应受教育者没有受到教育不放过，没有采取防范措施不放过。

Lb2F3029　列举接收机、发射机各三个主要技术指标及合格数值范围。

答：接收机：① 可用灵敏度≤1μV（20dB 信纳比）；② 调制接收带宽≥±5kHz；③ 邻道选择性≥70dB。

发射机：① 发射输出功率 5～25W；② 频率稳定度≤5×10^{-6}；③ 最大频偏≤±5kHz。

Lb2F3030　简述无线电负荷控制系统的主站系统软件维护的注意事项。

答：（1）不要随意更改主机的系统时间，以免打乱整个系统的正常工作；

（2）操作员口令应保密，以免无关人员破坏整个系统；

（3）万一出现死机现象要分析是什么原因，是否系统软件运行的软、硬件环境出现故障，然后重新执行系统软件；

（4）定期做好计算机病毒检查工作，保证系统正常运行；

（5）若出现系统故障先询问系统制作者，切忌随意改动控制软件代码。

Lb2F3031　当客户终端的上行无线电信号场强较弱时，通常采用什么措施？

答：当上行信号场强较弱时，主要在终端采用的措施有：① 提高终端天线架设高度；② 采用低损耗高频电缆或高增益天线；③ 提高电台发射功率，否则，采用中继通信。

Lb2F3032　终端的定期巡视和检查包括哪些内容？

答：（1）定期巡视和检查以外观、环境、功能、电源检查为主，并不定期将主控站操作记录与现场动作记录核对；

（2）不定期从现场取回预置参数与主控站预置参数核对，以检查信道的运行情况；

（3）对单向定量器终端要定期取回用电参数送主控站，以备主控站输入使用。

Lb2F4033　电气安全用具如何分类？怎样维护、试验和保管？

答：电气安全用具一般分为绝缘安全用具和非绝缘安全用具两类。试验、保管安全用具时应做到：

（1）绝缘棒应垂直存放、架在支架上或吊挂在室内，不要接触墙壁；

（2）绝缘手套、绝缘鞋应定位存放在柜内，应与其他工具分开；

（3）安全用具的橡胶制品不能与含油类的油脂接触，存放的环境温度不能过热或过冷；

（4）验电器用后应存放在匣内，置于干燥处，防止积灰和受潮；

（5）存放安全用具的地点应有明显的标志，“对号入座”，做到存取方便；

（6）安全用具绝不可移作他用；

（7）使用前检查有无损坏；

（8）应定期进行试验。

Lb2F4034　试述利用负荷管理系统实现“远方抄表”的基本条件。

答：（1）为了保证读表数据的唯一性，被远测的电表应是智能型并具有数据通信接口的电表（常见为RS–485接口）。

（2）负荷管理终端应有相应的数据通信接口。

（3）终端与电表应遵循相同的“通信规约”。

Lb2F4035　试简述中继通信和终端转发通信的各自特点（优、缺点）。

答：中继通信需多占用一对频率资源和中继站设备投资，适合较大通信障碍，且有较多客户终端需通过中继站通信的场合，中继通信的时间滞后对系统工作影响不大，可忽略不计。

终端转发通信几乎不用增加投资，适合终端分布较散乱的场合，缺点是转发通信时需增加通信时间。

Lb2F4036　试简述负荷管理终端的计量、保护双回路负荷监测防窃电原理及优点。

答：（1）正常用电时，计量回路的负荷曲线与保护回路的负荷曲线的幅值，变化趋势应基本一致。

（2）若计量回路负荷曲线相对保护回路负荷曲线幅度变小，则说明计量回路异常，若有一定规律性异常幅度变动（相对保护回路），则认为窃电可能性很大。

（3）该方式防动态窃电行为，有判断准确、通过远传发现及时的优点。

Lb1F2037　试简述EPROM、8279、8255、光电耦合器在负荷控制终端中的用途。

答：（1）EPROM：可擦除程序存储器，主要用来放置一些常数及应用程序。

（2）8279：用来管理终端上的按键及终端显示的接口电路芯片。

（3）8255：由于单片机留给客户的并行接口很少，通过 8255 并行接口，可提供 3 个 8 位并行接口。

（4）光电耦合器：用来对输入、输出信号进行光电隔离，以减少外界对单片机系统的干扰。

Lb1F2038　写出负荷控制系统设备中，下列常见指示灯及符号的含义。

CD　　TD　　RTS

PTT　　Rx　　Tx

答：CD：载波检测；TD：向主站发送数据；RTS：向主站请求发送数据。

PTT：通话请求；Rx：接收主站信号；Tx：向主站发送信号。

Lb1F3039　设备资料管理主要健全哪些基础工作？

答：（1）设备台账。

（2）设备技术资料。

（3）设备安装、接线资料。

（4）设备历次更改、异动资料。

（5）设备历次在修资料。

（6）设备故障处理资料。

Lb1F4040　负控终端现场校验的内容包括哪些？

答：（1）根据定期检验制度定期开盖检查，核对设备在现场运行情况下，原产品分析试验报告中的测试点参数，是否发生较大变化从而判断设备隐患。

（2）检验方法应根据具体制定的校验规程执行。

Lb1F3041 保电、剔除功能的含义是什么？

答：终端接收到主站下发的保电投入命令后，进入保电状态，自动解除原有控制状态，并在任何情况下均不执行跳闸命令。终端接收到主站的保电解除命令，恢复正常执行控制命令（遥控命令除外）。

终端接收到主站下发的剔除投入命令后，除对时命令外，对其他任何广播命令或终端组地址控制命令均不响应。终端收到主站的剔除解除命令，恢复到正常通信状态。

Lb1F3042 无功补偿控制的过程？

答：（1）参数设置：主站根据监控点的电压等级向终端下发电压和功率因数的限值、延迟时间、间隔时间。

（2）无功就地平衡控制：终端采集监控点的电压、电流，计算电压、功率因数、无功功率/无功电流。当功率因数或无功功率或无功电流超设定范围，通过运算和逻辑判断来确定电容器组的投切，并动作相应控制输出，控制电容器组的投切，将功率因数控制在设定范围，实现无功就地平衡。

（3）当电压超过限值时，闭锁控制输出；终端工作异常，应闭锁控制输出并报警。

Lb1F3043 简述遥控的具体要求及流程？

答： 终端接收主站的跳闸控制命令后，按设定的告警延迟时间、限电时间控负荷开关，同时终端应有音响（或语音）告警通知客户，并记录跳闸时间、跳闸轮次、跳闸前功率、跳闸后 2min 功率等。终端显示屏应显示执行结果。

终端接收主站的允许合闸控制命令后，应有音响（或语音）告警通知用户，允许客户合闸。

Lb1F3044 需求侧管理与服务功能具体支持哪些内容？

答：（1）系统采集客户侧用电数据，为负荷需求预测、调整电力供需平衡提供准确的基础数据。

（2）根据有序用电方案，控制负荷，实施错峰、避峰等需求侧管理。

（3）通过终端向客户提供用电负荷曲线、定值参数等用电数据，发布用电信息，帮助客户进行用电负荷曲线优化分析、企业生产用电成本分析。

（4）客户端电能质量在线监测，提供电压、功率因数、谐波等电能质量的统计分析数据。

Lb1F3045　电力营销管理技术支持功能具体支持哪些内容？

答：（1）远程抄表，根据电能量电费结算的需求，主站定时、完整地采集客户的电能量数据。

（2）实施催费限电、购电控制，利用信息发布功能，向客户发送相应催费信息；利用负荷控制功能，实施催费告警和购电控制功能。

（3）电能表运行状况在线监测，主站通过对终端上报的电能表参数变更、时钟超差、或电能表故障等告警信息的分析整理，记录发生时间和异常数据并及时进行告警提示。

Lb1F3046　营销分析与决策分析支持功能具体支持哪些内容？

答：（1）面向客户信息发布，主站向电力客户服务系统提供数据，以及通过有中文信息显示功能的终端向客户发布用电信息、停限电通知，进行用电指导等。

（2）负荷、电能量分类数据分析，按客户、行业、线路等分类要求，提供负荷、电能量分类数据报表和数据分析支持。

（3）线损分析，收集线路各计量点的负荷数据，为线损计算分析提供数据支持。

Lb1F3047　叙述时段控的过程？

答：主站依次向终端下发功控时段、功率定值、定值浮动系数、报警时间、控制轮次等参数，终端收到这些命令后修改控时段、功率定值、定值浮动系数、报警时间、控制轮次等，参数修改应有音响（或语音）告警通知客户，注终端要求可以设置 3 套功率定值方案。

主站向终端下发时段控投入命令，终端收到该命令后显示“时段控投入”状态，当功率控制投入且不在保电状态时，自动执行功率定值闭环控制功能。终端在功控时段内监测实时功率，当功率超过设置时（定值×浮动系数），终端应有 3～10min 可设定时间音响（或语音）告警，告警时间结束按轮次顺序和设定的间隔时间动作输出继电器，控制相对应的控负荷开关。

如终端监测实时功率已在规定时间内持续下降到设置值以下或已降到保安定值，则中止后续轮次的动作。

终端自动执行功率定值闭环控制的过程中应在显示屏上主动显示定值、当前的实时功率、控制对象、执行结果等；控制时段结束或时段控解除后，应允许客户和合上由于时段控引起的跳闸开关，并有音响（或语音）通知客户。

Lb1F3048　运行状况监测具体内容是什么？

答：（1）终端运行状态：终端设备运行状态统计，包括各类终端的台数，投运台数。

系统具有对终端数据采集情况（包括抄表）、通信情况的分析和统计功能。

（2）主站运行状态：实时显示前置机、数据库、网络、服务器以及通信设备的运行状况；检测报文合法性、统计每个通信端口及终端的通讯成功率。

（3）中继站运行状态：实时显示中继站的运行状态，工作环境参数。

（4）操作监测：通过权限统一认证机制，确认操作人员情况，所在进程及程序、操作权限等内容；对所有操作，系统自动记录当前操作员、操作时间、操作内容、操作结果等信息，并在值班日志内自动显示。

Lb1F3049　论述月电控的控制过程。

答：（1）主站依次向终端下发月电能量定值、浮动系数及控制轮次等参数设置命令，终端收到这些命令后修改月电能量定值、浮动系数及控制轮次等相应参数，参数修改应有音响（或语音）告警通知客户。

（2）主站向终端下发月电能量控制投入命令，终端收到该命令后显示“月电控投入”状态，自动执行月电能量定值闭环控制功能。终端监测月电能量，如月电能量达到设定的月电能量定值的80%～90%，应能发出音响告警信号；月电能量超过设置值时，终端应按投入轮次动作输出继电器，控制相应的被控负荷开关。

（3）终端自动执行月电能量定值闭环控制的过程中应在显示屏上显示定值、控制对象、执行结果等信息。

（4）当月电能量控制解除或月末24时，终端允许客户合上由于月电能量控引起的跳闸开关。

Lb1F3050　论述购电控过程。

答：（1）主站向终端下发购电能量（费）控参数设置命令，包括购电能量（费）设置单号、购电能量（费）值、报警门限、跳闸门限、各费率时段的费率等参数，终端收到这些参数设置命令后修改相应参数，参数修改应有音响（或语音）告警通知客户。

（2）主站向终端下发购电能量(费)控投入命令，终端收到该命令后显示“购电控投入”状态，自动执行购电能量(费)闭环控制功能。终端监测剩余电能量，如剩余电能量小于设定的告警门限值，应能发出音响告警信号；剩余电能量小于设定的跳闸门限值时，按投入轮次动作输出继电器，控制相应的被控负荷开关。

（3）终端自动执行购电能量（费）定值闭环控制的过程中应在显示屏上显示剩余电能量、控制对象、执行结果等信息。

（4）购电能量（费）控解除或重新购电使剩余电能量大于跳闸门限时，终端允许客户合上由于购电能量（费）控引起的跳闸开关。

Lb1F3051　叙述催费告警的过程。

答：（1）主站向终端下发催费告警参数设置命令，终端收到这些参数设置命令后修改相应参数，参数修改应有音响（或语音）告警通知客户。

（2）主站向终端下发催费告警投入命令，终端收到该命令后自动执行催费告警功能。终端在告警时间内发出音响（或语音）告警通知客户。当客户重新交费后，主站向终端下发催费告警解除命令，终止催费告警信号。

Lb1F3052　简述功率定值闭环控制的一般要求。

答：功率定值闭环控制根据控制参数不同分为时段控、厂休控、营业报停控和当前功率下浮控等控制类型，四种功率控制类型的优先级由低到高是时段控、厂休控、营业报停控、当前功率下浮控。

Lb1F3053　论述时段功控的控制过程。

答：（1）主站依次向终端下发功控时段、功率定值、定值浮动系数、报警时间、控制轮次等参数，终端收到这些命令后修改功控时段、功率定值、定值浮动系数、报警时间、控制轮次等，参数修改应有音响（或语音）告警通知客户。

（2）主站向终端下发时段控投入命令，终端收到该命令后显示“时段控投入”状态，当功率控制投入且不在保电状态时，自动执行功率定值闭环控制功能。终端在功控时段内监测实时功率，当功率超过设置值（定值 × 浮动系数），终端应有 3～10min 可设定时间的音响（或语音）告警，告警时间结束按轮次顺序和设定的间隔时间动作输出继电器，控制相应的被控负荷开关。

（3）如终端监测实时功率已在规定时间内持续下降到设置值以下或已降到保安定值，则中止后续轮次的动作。

（4）终端自动执行功率定值闭环控制的过程中应在显示屏上显示定值、控制对象、执行结果等。

（5）控制时段结束或时段控解除后，应允许客户合上由于时段控引起的跳闸开关，并有音响（或语音）通知客户。

Lb1F3054　论述厂休功控的控制过程。

答:（1）主站向终端下发厂休控功率定值和控制延续时间、控制轮次等参数，终端收到这些命令后修改相应参数，并应有音响（或语音）告警通知客户。

（2）主站向终端下发厂休控投入命令，终端收到该命令后显示“厂休控投入”状态，当功率控制投入且不在保电状态时，自动执行功率定值闭环控制功能。终端在厂休日监测实时功率，当功率超过设置值（厂休日定值×浮动系数），终端应有 3～10min 可设定时间的音响（或语音）告警，告警时间结束按轮次顺序和设定的间隔时间动作输出继电器，控制相应的被控负荷开关。

（3）如终端监测实时功率已在规定时间内持续下降到设置值以下或已降到保安定值，则中止后续轮次的动作。

（4）终端自动执行功率定值闭环控制的过程中应在显示屏上显示定值、控制对象、执行结果等信息。

（5）控制时段结束或厂休控解除后，应有音响（或语音）通知客户，允许客户合上由于厂休控引起的跳闸开关。

Lb1F3055　简述营业报停控的控制过程。

答：（1）根据客户申请营业报停起、止时间，主站向终端下发营业报停控参数，终端收到这些命令后修改相应参数，并应有音响（或语音）告警通知客户。

（2）主站向终端下发营业报停控投入命令，终端收到该命令后显示“营业报停控投入”状态。当功率控制投入且不在保电状态时，自动执行功率定值闭环控制功能。当终端监测实时功率超过设置值时，终端应有 3～10min 可设定时间的音响（或语音）告警，告警时间结束终了，按设定的时间间隔动作输出继电器，控制相应的被控负荷开关，直至实时功率在设置值之下。

（3）营业报停时间结束或营业报停控解除后，应有音响（或语音）通知客户，允许客户合上由于营业报停控引起的跳闸开关。

Lb1F3056　简述当前功率下浮控制的控制过程。

答：（1）主站向终端下发当前功率下浮控制投入命令，同时下发下浮系数 k（%）、平均负荷计算滑差时间 M（min）。

（2）终端收到当前功率下浮控制投入命令后，当功率控制投入且不在保电状态时，自动执行功率定值闭环控制功能。根据设置参数计算当前定值，当终端监测实时功率超过当前定值时，终端应有 3～10min 可设定时间的音响（或语音）告警，告警时间结束，按设定的时间间隔动作输出继电器，控制被控负荷开关，直至实时功率在当前定值之下。

（3）当前功率下浮控解除或控制时段结束后，终端允许客户合上由于当前功率下浮控引起的跳闸开关，并有音响 (或语音)通知客户。

Lb1F3057　简述功率控制的投入或解除过程。

答：终端应能由主站远方投入或解除其功率定值闭环控制的功能，并有音响（或语音）告警通知客户和在显示屏上显示状态。功控解除，应自动撤销由功率定值闭环控制引起的跳闸控制，并有音响或语音通知客户。当终端处于保电状态时，不执行功率定值闭环控制的跳闸。

Lb1F3058　论述电能质量合格率统计的主要内容。

答：（1）电压合格率统计：按设置的电压上、下限值监测电压（测量间隔 1min），终端应记录每日电压不合格累计时间，最大、最小电压值和发生的时间。

（2）功率因数统计：按设置的功率因数分段限值对监测点的功率因数进行分析统计，记录每日/月功率因数越限值发生在各区段的累计时间。

（3）谐波统计：按设置的电压、电流谐波限值对监测点的电压谐波、电流谐波进行分析，记录分相 2～19 次谐波电压含有率及总畸变率日最大值及发生时间，并统计分相谐波越限数据，包括：分相总畸变电压含有率越限日累计时间、分相 2～19 次谐波电压含有率越限日累计时间、分相总畸变电流越限日累计时间、分相 2～19 次谐波电流越限日累计时间。

Lb1F3059　终端配置参数的设置及查询包含哪些内容？

答：（1）脉冲参数：有功/无功属性，电能表常数等。

（2）电能表或交流采样装置配置参数：电能表类型、通信地址、通信规约、接线方式、端口号、费率数、通信密码等。

（3）总加组配置参数：参与总加的测量点号、总加运算符。

（4）终端电压电流模拟量配置：端口号、电压/电流属性。

Lb1F3060　终端有哪些重要事件需要立即主动上报？

答：对于主站设置的重要事件（如：功控跳闸、电控跳闸、遥控跳闸、重要参数变更等），当事件发生后终端实时刷新重要事件计数器内容，做好记录并通过 ACD 置位或直接主动上报事件记录及时报告主站。

终端在执行功控跳闸、电控跳闸、遥控跳闸时，应记录跳闸时间、控制对象、跳闸时功率/电能量等信息。

控制定值、时段、TA 变比、TV 变比、电能表脉冲常数等重要参数设置改变时，终端应记录发生的时间。

Lc5F3061　当负荷控制终端起火时，如何处理？

答：（1）立即报警并积极进行扑救。及时准确地报警，可以使群众和消防队迅速赶到，及早扑灭火灾。根据火情也可以采取边扑救、边报警的方法。

（2）要立即切断负荷控制终端电源。

（3）用干粉灭火器、二氧化碳灭火器、1211 灭火器等进行扑救，或用湿棉被、帆布等将火盖熄。用水和泡沫扑救一定要在断电情况下进行，防止因水导电而造成触电伤亡事故。

Lc4F3062　用电户的责任有哪些？

答：（1）用户应当安装用电计量装置。

（2）用户用电不得危害供电、用电安全和扰乱供电及用电秩序，禁止窃电。

(3)用户应当按照国家标准的电价和用电计量装置的记录，按时交纳电费，并对供电企业查电人员和抄表收费人员依法履行职责提供方便。

（4）应遵守国家有关规定，采取有效措施，做好安全、节约、计划用电工作。

Lc4F3063　电力供应与使用法律关系的概念与特点是什么？

答：电力供应与使用法律关系是指在供用电活动中，形成的为电力供应与使用法律法规所确认的国家（主要通过其代表者有关部门）、供电企业与用户三者之间的权利义务关系。其特点为：

（1）电力供应与使用法律关系是在供电、用电过程中所形成的一种关系，这种关系与供电、用电活动密切相关。

（2）电力供应与使用法律关系不是一般的电力法律关系，而是由有关的调整电力供应与使用关系的法律所确认的一种关系。如果某种法律关系不为供用电法律所确认，它便不是供用电法律关系。

（3）电力供应与使用法律关系是一种权利、义务关系，这种关系是在供用电活动中形成的与供用电活动密不可分，由国家、供电企业及用户所享有与承担。由于三者的权利、义务之不同，决定了他们三者之间的地位之不同。

Lc4F3064　供用电监督管理的依据和目的是什么？

答：为加强电力供应与使用的监督管理，《供用电监督管理办法》明确提出，从事供用电监督管理的机构和人员要以电力法律、行政法规以及技术标准为准则，必须以事实为依据做好供用电监督管理工作。实行电力监督检查的目的是为了实现行政管理职能，督促管理对象自觉遵守法律、行政法规，正当行使权利和适当履行义务。

Lc4F3065　违章用电行为有哪些？

答：（1）擅自改变用电类别。

（2）擅自超过合同约定的容量用电。

（3）擅自超过计划分配的用电指标。

（4）擅自使用已经在供电企业办理暂停使用手续的电力设备，或者擅自启用已经被供电企业查封的电力设备。

（5）擅自迁移、更动或擅自操作供电企业的用电计量装置、电力负荷控制装置、供电设施及约定供电企业调度的用户受电设备。

（6）未经供电企业许可，擅自引入、供出电源或者将自备电源擅自并网。

Lc3F2066　窃电行为有哪些？

答：（1）在供电企业的供电设施上，擅自接线用电。

（2）绕越供电企业的用电计量装置用电。

（3）伪装或者开启法定的或者授权的计量检定机构加封的用电计量装置封印用电。

（4）故意损坏供电企业用电计量装置。

（5）故意使供电企业的用电计量装置不准或者失效。

（6）采用其他方法窃电。

Lc3F3067　计划用电管理工作主要包括哪些内容？计划用电的重点是什么？

答：计划用电管理工作主要包括：负荷分析预测；综合平衡分配；计划用电考核分析；调整负荷。计划用电重点应放在大力推广分时电价和负荷管理装置，运用经济、技术手段，促进电力资源优化配置，引导企业和整个社会自觉移峰填谷，减少浪费，提高效益。

Lc2F1068　需求侧管理的目标是什么？

答：（1）通过负荷管理技术，改变客户的用电方式，降低电网的最大负荷，做到节约用电，合理用电，提高电力系统设备利用率，延缓电厂建设，减少大气排放等，以取得社会经济效益和环境效益。

（2）通过客户采用先进技术和高效设备，提高终端用电效率，减少电量消耗，取得节省电量、移峰填谷、减少电费支出的效益。

Lc2F2069　继电保护的作用有哪些？

答：（1）当电力系统发生足以损坏设备或危及电网安全运

行的故障时，继电保护使故障设备迅速脱离电网，以恢复电力系统的正常运行。

（2）当电力系统出现异常状态时，继电保护能及时发出警报信号，以便运行人员迅速处理，使之恢复正常。

Lc2F2070　进行电力电量预测要收集哪些资料？有几种方法？

答：应收集资料是：

（1）产量、产值。

（2）单耗。

（3）企业用电申请。

（4）新增用电情况。

（5）过去和现在的用电实际资料。

（6）产品、产业结构等可能变化情况和采用新技术、新工艺情况。

（7）能源政策。

（8）气候情况。

（9）市政用电及生活照明等主要用电资料。

预测方法有单耗法、经验统计法和合成法，这三种方法常结合使用，互相核对。

Lc2F3071　供用电合同的概念是什么？其作用是什么？

答：供用电合同是指供电方（供电企业）根据客户的需要和电网的可供能力，在遵守国家的法律、行政法规，符合国家供用电政策和计划要求的基础上，与用电方（客户）签定的明确双方在供用电活动中的权利和义务的协议。

供用电合同的签定，对保护供用电双方的合法权益，维护正常的供用电秩序，明确双方权利、义务和经济责任，促进经济发展有着重要的作用。

Lc2F3072　变更用电的内容有哪些？并说明变更用电的过程。

答：有下列情况之一者，为变更用电：

（1）减少合同约定的用电容量（简称减容）。

（2）暂停止全部或部分受电设备的用电（简称暂停）。

（3）临时更换大容量变压器（简称暂换）。

（4）移动用电计量装置安装位置（简称移表）。

（5）迁移受电装置用电地址（简称迁址）。

（6）暂时停止用电并拆表（简称暂拆）。

（7）改变客户名称（简称更名或过户）。

（8）一户分列为两户及以上的客户（简称分户）。

（9）两户及以上用户合并为一户（简称并户）。

（10）合同到期终止用电（简称销户）。

（11）改变供电电压等级（简称改压）。

（12）改变用电类别（简称改类）。

客户需要变更用电时，应事先提出申请，并携带有关证明文件，到供电企业用电营业场所办理手续，变更供用电合同。

Lc2F3073　简述配电站操作电源的种类及选用原则。

答：（1）当大型配电站装有电动操作机构的断路器时，应采用220V或110V蓄电池作为合、分闸直流操作电源；当装有弹簧储能操动机构的断路器时，宜采用小容量电池装置作为合、分闸操作电源。

（2）当中型配电站装有电磁操作机构的断路器时，合闸电源宜采用硅整流，分闸电流可采用小容量镉电池装置或电容储能。对重要负荷供电时，合分闸电源宜采用镉电池装置。当装有弹簧储能操作机构的断路器时，宜用小容量镉电池装置或电容储能或硅整流装置作为合、分闸操作电流。采用硅整流作为电磁操作机构合闸电源时，应该核实整流合闸能力，保证断路器正常时合闸。

（3）小型配电站宜采用弹簧储能操作机构合闸和分闸的全交流操作。

Lc2F3074　供电质量指什么？电能质量指什么？

答：供电质量是指电能质量和供电可靠性。电能质量是指电压、频率和波形的质量。电能质量主要指标包括电压偏差、电压波动和闪变、频率偏差、谐波（电压谐波畸变率和谐波电流含有率）和电压不对称度。

Lc2F4075　什么是负荷率？提高负荷率主要方法有哪些？什么是配电网的日负荷率，日负荷率与负荷性质的关系如何？

答：平均负荷与最高负荷的比率，称为负荷率。

提高负荷率主要方法有：统一安排轮流周休日；统一安排上下班时间；实行避峰用电，客户内部调荷等方法。

配电网的日负荷率，即配电网日平均负荷（P_{av}）与日最高负荷（P_{max}）的比值，一般用γ表示。它反映一日之内配电网负荷变动的情况，是配电网的运行特征之一。

日负荷率与负荷性质的关系：配电网的日负荷率因负荷性质的不同而异。工业用电负荷与行业性质、生产方式、生产班制、工艺用电、动力用电所占比重有关。电冶、化学工业、石油工业的生产过程在一昼夜间是连续的，负荷很均匀，几乎不受任何外来因素的影响，其γ值一般在0.9以上。其他工业用户的负荷受企业的生产轮班制度影响较大，一班制工业用电负荷的日负荷率最小，两班、三班制的相对较大。建材、造纸、纺织等工业用电的γ值一般为0.8～0.9；机械制造、仪器等工业用电负荷的γ值一般为0.6～0.7；城市生活用电负荷的日负荷率与城市人民生活水平有关，商业、文化、福利事业发达，日负荷率就越高。中国城市生活用电负荷的γ值一般为0.3～0.4。交通运输业用电负荷的γ值一般为0.4左右，其中电气化铁路负荷较均匀，γ值一般为0.7左右。农村用电负荷γ值一般均很低。中国目前农村工业大多为一或两班制生产，γ制一般在0.6左右，而农业排灌随季节影响变化较大，冬季负荷的γ值一般为0.1～0.2，夏季却高达0.9以上。

Lc1F3076　需求侧管理的对象是什么？

答：需求侧管理的对象有：客户终端的主要用能设备，如照明、空调、电动机、电热、冷藏、热水器、暖气、通风设备；可与电能相互替代的用能设备，如燃气、燃油、燃煤、太阳能、沼气等热力设备；与电能利用有关的余热回收设备，如热泵、余热锅炉、换热器等；与用电有关的蓄能设备，如蓄汽蓄热器、热水蓄热器、电动汽车蓄电瓶；自发电厂，如自备背压式、抽背式、抽气式热电厂、柴油机电厂，余热发电和余压发电等；与用电有关的环境设施，如建筑物的保温、自然采光等。

Lc1F5077　论述调整负荷的意义及调整负荷的基本原则。调整负荷时应注意什么？

答：调整负荷，就是根据供电系统的电能供给情况及各类客户不同用电规律，合理地有计划地安排和组织各类客户用电时间，以降低负荷高峰，填补负荷低谷，充分发挥变电设备的潜力，提高电力系统的供电能力，最大限度地满足电力负荷日益增长的需要。

调整负荷从某种意义上来讲就是对负荷实行计划控制，避免或减少无计划拉闸限电，提高供电的可靠性，使用电单位能够掌握用电主动权，减少停电损失。这是“供”、“用”两利的一种措施。

调整负荷是计划用电工作的一项重要内容，在当前能源比较紧张的情况下更有其重要意义。

（1）节约投资：由于电能难以大量储存，而生产和使用时必须随时平衡，电网用电负荷变化时，发电与供电量亦需随时调整。当电网负荷处于高峰时，为满足用电需要，就要投入备用机组，这些发电机组是为调峰或应付系统故障时的急需而装设的，只有短时间内投入，设备利用率很低。

（2）保证电力系统安全运行。

（3）提高电能质量。

（4）降低成本。

（5）减少电能损耗。

调整负荷的基本原则：调整用电负荷的目的是保障电网安全运行、提高电网经济运行效率，提高用电负荷率，调整负荷的着眼点要以工矿企业为主，在保证企业生产的前提下，实行地区及工矿企业内部的负荷调整，提高地区的用电负荷率。

调整负荷，还要注意以下几点：

（1）一般情况下，在电力供应不紧张的电力系统或供电区域，调整的主要目的是提高电网经济运行。尽量不要采用过度的调荷措施，在电网缺电的情况下，应根据上述原则，分别执行各种调整负荷的方法，以最大限度满足用电需要。

（2）要考虑群众和职工的日常生活工作习惯。

（3）调整负荷应理解为用电时间的改变而不是限制用电量。

（4）在大电力系统中，由于各供电地区农、轻、重、人民生活等用电构成不同，所处的纬度不同，高峰负荷出现的时间也不相同，因此应以全电网高峰出现的时间作为考核计算负荷率、高峰电力的统一时间。

（5）在拟定调整负荷方案时，既要服从电网的需要（电力、电量的平衡，备用容量，设备大小检修时间的安排，无功潮流），又要考虑用户的可能条件。

Je5F3078　论述多功能电表及脉冲输出接口故障的简单判别方法。

答：（1）与终端配套多功能电表本身故障的判别：循环显

示正常，对机电式多功能表，其表盘每转一圈，其表应有相应脉冲指示，否则表本身有故障。

（2）电表无源脉冲接口的故障判别：用万用表 ×10k 电阻档测量脉冲输出的两根线（有极性），当有脉冲时，指针会迅速摆向零刻度方向随即摆回；如果指针不动或指针一直指向高阻值，即为电表无脉冲输出故障。

Je4F3079　用计算机（带有终端操作软件）、FSK 调制解调器、射频信号发生器等设备测出无线电负荷控制终端的基准灵敏度。

答：（1）按图 F-2 接好测试系统。

（2）调整射频信号发生器，输出信号频率为被测装置工作频率。

（3）工作状态置于外调制。

（4）调整 FSK 调制解调器，使射频信号发生器的频偏为 +4，－1kHz。

（5）调整射频信号发生器输出信号电压为一合适值，操作计算机发出跳闸（或合闸）命令。若被测设备不能正确接受命令，则应增加输出信号电压；若被测设备能连续三次正确接受命令，则应降低输出信号电压。被测设备能连续三次正确接受命令的最小信号输出电压值，即为基准灵敏度。

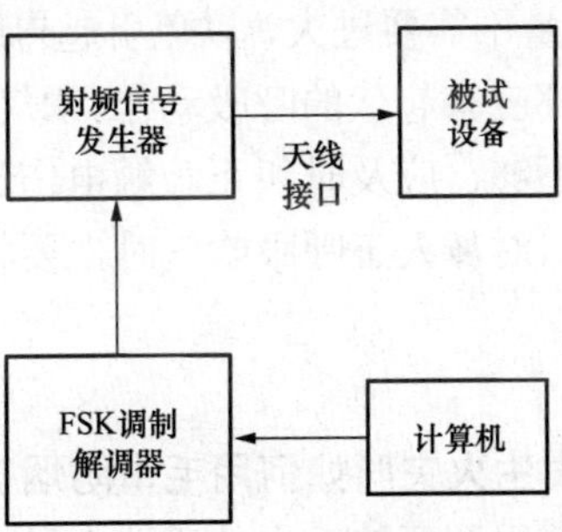

图 F-2

Je4F3080　论述多功能电表及 RS–485 接口故障的简单判别方法。

答：（1）对全电子式多功能表，循环显示正常，未见异常告警和异常接线故障；对于机电一体多功能电表，显示应正常，其表盘每转一圈，应有相应脉冲指标，否则电表有故障。

（2）用万用表直流低压档测量 RS–485 接口 A、B 端，一般 U_{AB}≥0.2V，通信时应有微微指针摆动，否则应进一步测试。

Jf5F3081　胸外按压操作频率是多少？

答：胸外按压要以均匀速度进行，每分钟 80 次左右，每次按压和放松的时间相等。胸外按压与口对口（鼻）人工呼吸可同时进行，其节奏为：单人抢救时，每按压 15 次后吹气 2 次（15:2），反复进行；双人抢救时，每按压 5 次后由另一人吹气一次（5:1），反复进行。

Jf5F3082　简述口对口人工呼吸法，应注意什么？

答：在保持伤员气道畅通的同时，救护人员用放在伤员额上的手捏住伤员鼻翼，救护人员深吸气后，与伤员口对口紧合，在不漏气的情况下，先连续大口吹气两次，每次 1～1.5s。如果两次吹气后试测颈动脉仍无搏动，可判断心跳已经停止，要立即同时进行胸外按压。除开始时大口吹气两次外，正常口对口（鼻）呼吸的呼气量不需要过大，以免引起胃膨胀。吹气和放松时要注意伤员胸部应有起伏的呼吸动作。吹气时如有较大阻力，可能是头部后仰不够，应及时纠正。触电伤员如牙关紧闭，可对鼻人工呼吸。口对鼻人工呼吸吹气时，要将伤员嘴唇闭紧，防止漏气。

Jf5F3083　发生火灾时如何用毛巾防烟？

答：（1）折叠层数要依毛巾的质地而异，一般毛巾折叠 8 层为宜，这样烟雾浓度消除率可达 60%。

（2）毛巾不必弄湿。因为弄湿后通气阻力大，会很快使人感到呼吸困难。

（3）使用时要捂住口和鼻，使过滤烟的面积尽量增大。在穿过烟雾时一刻也不能将毛巾从口和鼻上拿开，即使只吸一口烟，也会使人感到不适，心慌意乱，丧失逃生信心。

Jf4F3084　如何使触电人员迅速脱离电源？如何进行抢救？

答：低压触电马上拉开关，切断电源。或者用绝缘工具迅速切断电源，也可用干燥的绝缘物拉开触电者或挑开导线，切不可以直接去拉触电者，同时要特别注意防止高空摔伤。高压触电应迅速通知管电人员停电或用绝缘操作杆使触电者脱离电源。对触电者进行急救办法：

（1）如果触电者仅在触电过程中一度昏迷，脱离电源后仍有知觉时，应保持安静，进行观察，必要时就地治疗；

（2）如果触电者脱离电源已失去知觉，但心脏跳动和呼吸仍存在，应使触电者舒适、安静地平躺，解开衣服，以利呼吸，迅速请医生治疗；

（3）如果触电者呼吸、脉搏、心脏跳动已停止，必须进行人工呼吸或心脏按摩，并在就诊途中不得中断。

Lb1F3085　系统可靠性指标主要包括哪些？

答：（1）模拟量（指电压、电流）测量综合误差≤1.5%。

（2）数据完整率≥98%。

（3）遥控正确率≥99.99%。

（4）主站年可用率≥99.5%。

（5）终端年可用率≥99.5%。

（6）终端平均无故障工作时间（MTBF）≥2×104h。

（7）系统故障恢复时间≤2h。

Lb1F3086　系统实时性指标主要包括哪些？

答：（1）主站巡检终端重要信息（重要状态信息及总加功率和电能量）时间＜15min。

（2）系统控制操作响应时间（遥控命令下达至收到终端确认的时间）≤5s。

（3）定值控制操作终端响应时间（定值控制命令下达至终端响应的时间）≥99.99%。

（4）系统对客户侧事件的响应时间≤30min。

（5）数据应用浏览响应时间＜10s。

Lb1F3087　主站硬件设备主要包括有哪些技术要求？

答：（1）主站基本设备包括计算机系统（前置机、工作站、服务器、磁带机、磁盘阵列等）、专用通信设备、网络设备以及电源等相关设备。主站设备必须采用标准化设备，主站配置必须满足系统功能规范和性能指标的要求，保障系统运行的实时性、可靠性、稳定性和安全性，并充分考虑可维护性、可扩性要求。

（2）计算机系统应为分布式结构，由若干台服务器和工作站及配套设备构成，不同的应用可分布于不同的计算机节点上，有关键应用的计算机节点应作冗余配置。前置机（通信工作站）负责系统信道驱动，提供通讯信道设备的接入。操作工作站提供系统人机交互界面，实现系统监控工作及数据召测、查询等结果显示，并负责系统日常运行维护。服务器存储负荷管理系统原始数据、分析数据和系统运行数据等，提供数据服务、WEB发布服务、应用服务等。

（3）计算机系统通过局域网互连，与外部系统的接口应采用《电力二次系统安全防护规定》要求的网络安全防护措施。

Lb1F3088　主站软件环境主要包括有哪些技术要求？

答：（1）主站操作系统和数据库管理系统等应采用技术成

熟的主流软件。应用软件必须满足系统功能规范要求，保证其开放性能，满足系统应用、维护及不断优化、升级的需要；并提供详细的系统应用、维护、接口等技术文档。

（2）操作系统应支持多线程、多进程工作方式，具备高并发处理能力。数据库管理系统必须选用大型关系型分布式数据库，对外提供标准的数据库调用接口，具有较高的容错能力和恢复能力，提供较强的安全机制。

（3）系统应用程序应采用分层结构，提供友好的操作界面。应用软件系统应选用结构化设计和面向对象设计的方法，必须保证系统的稳定性、可修改性和可重用性。

（4）系统信息及编码应符合国家标准。

（5）系统接口设计应符合共享性、安全性、可扩充性、兼容性和统一性的要求。

Lb1F3089 系统安全主要包括有哪些技术要求？

答：（1）负荷管理系统的局域网与其他信息系统互联时，应采用《电力二次系统安全防护规定》要求的安全隔离设施，保证系统网络安全。主站与控制终端间的设置、控制报文的传输应有安全防护设施。

（2）应对系统的每一个操作功能设置独立权限，并建立严格、完善的密码管理，确保系统软件和应用软件操作的安全。系统应具有操作日志，记录所有受控操作发生的时间、对象、操作员、操作参数、操作机器 IP 地址等信息。系统应有包括防病毒和系统软件补缺升级等的安全措施。

（3）操作系统和应用系统应定期进行备份。数据库、应用服务程序应有完备的备份方案和措施。系统应有较强的纠错能力，系统出错应有提示和记录，并建立系统运行日志。

（4）当系统出现严重故障时，应按系统故障处理预案快速恢复系统运行。

Lb1F3090　主站的计算、统计分析功能主要包括哪些？

答：（1）负荷、电能量统计分析。按地区、行业、线路、自定义群组、单客户等类别，按日、月、季、年或自定义时间段，进行负荷、电能量的分类统计分析。

（2）功率因数分析。根据每日每小时冻结的24点功率因数值绘制功率因数变化曲线。

按照不同客户的负荷特点，对客户设定相应的功率因数分段限值，对功率因数进行考核统计分析；记录客户指定时间段内的功率因数最大值、最小值及其变化范围，超标客户分析统计、异常记录等。

（3）电压质量统计分析。对电压监测点的电压按照电压等级进行分类分析，统计电压监测点的电压合格率、电压不平衡度。

（4）谐波分析。统计监测点的三相电压、电流（2～19次）谐波含有率及峰值。

Lb1F3091　什么是电气二次设备和二次回路？

答：二次设备是指对一次设备的工作进行监测、控制、调节、保护以及为运行、维护人员提供运行工况或生产指挥信号所需的低压电气设备。如熔断器、控制开关、继电器、控制电缆等。由二次设备相互连接，构成对一次设备进行监测、控制、调节和保护的电气回路称为二次回路或二次接线系统。

Lb1F3092　电流互感器为什么不允许开路？

答：电流互感器一次电流的大小与二次负载的电流大小无关，在正常工作时，由于二次负载阻抗很小，接近短路状态，一次电流所产生的磁化力大部分被二次电流所补偿，总磁通密度不大所以二次线圈电势也不大。一但开路时二次侧阻抗无限增大二次电流等于零，副磁化等于零，总磁化力等于原绕组磁化力，也就是一次电流完全变成了激磁电流，将在二次线圈产生很高的电势其峰值可达几千伏，严重威胁人身安全，或造成仪表保护装置的绝缘损坏，原绕组磁化力使磁通密度增加也可能使铁芯过热损坏。

Lb1F3093　电压互感器为什么二次不许短路但必须接地？

答： 电压互感器本身阻抗很小，如二次短路时，二次通过的电流增大，使二次保险熔断，影响表计指示及引起保护误动作的可能，所以在电压互感器二次回路工作时，应特别注意防止短路。电压互感器二次接地属于保护接地，主要是防止一、二次绝缘击穿，高压侧串到二次侧来，对人身和设备造成危害，另外，因二次回路绝缘水平低，若没有接地点，也会打穿，使绝缘损坏更严重，所以二次必须接地。

4.2 技能操作试题

4.2.1 单项操作

行业：电力工程　　工种：电力负荷控制员　　等级：初、中

<table>
<tr><td colspan="2">编　号</td><td>C45A001</td><td>行为领域</td><td>d</td><td>鉴定范围</td><td>2</td></tr>
<tr><td colspan="2">考核时限</td><td>5min</td><td>题　型</td><td>A</td><td>题　分</td><td>5</td></tr>
<tr><td colspan="2">试题正文</td><td colspan="5">使用指针式万用表测量电能表有、无脉冲输出</td></tr>
<tr><td colspan="2">需要说明的问题和要求</td><td colspan="5"></td></tr>
<tr><td colspan="2">工具、材料、设备场地</td><td colspan="5">脉冲电能表一块
抄表台电源
指针式万用表一块</td></tr>
<tr><td rowspan="4">评分标准</td><td>序号</td><td colspan="5">项　目　名　称</td></tr>
<tr><td>1</td><td colspan="5">测量脉冲输出</td></tr>
<tr><td>质量要求</td><td colspan="5">正确使用万用表</td></tr>
<tr><td>得分或扣分</td><td colspan="5">正确使用万用表得 5 分</td></tr>
</table>

行业：电力工程　　工种：电力负荷控制员　　等级：初、中

<table>
<tr><td colspan="2">编　　号</td><td>C45A002</td><td>行为领域</td><td>e</td><td>鉴定范围</td><td>3</td></tr>
<tr><td colspan="2">考核时限</td><td>10min</td><td>题　　型</td><td>A</td><td>题　　分</td><td>10</td></tr>
<tr><td colspan="2">试题正文</td><td colspan="5">测量阻容元器件值的大小，简单判断阻容器件的好坏</td></tr>
<tr><td colspan="2">需要说明的问题和要求</td><td colspan="5"></td></tr>
<tr><td colspan="2">工具、材料、设备场地</td><td colspan="5">万用表一只
电阻器件（小容量）若干
电容器件（小容量）若干</td></tr>
<tr><td rowspan="5">评分标准</td><td>序号</td><td colspan="5">项　目　名　称</td></tr>
<tr><td>1</td><td colspan="5">使用万用表测量电阻阻值</td></tr>
<tr><td>2</td><td colspan="5">用万用表简单判断阻容器件的好坏质量</td></tr>
<tr><td>质量要求</td><td colspan="5">先调零，读数准确</td></tr>
<tr><td>得分或扣分</td><td colspan="5">1. 测量电阻值，正确选择万用表档位得 3 分，读数准确得 3 分
2. 能用万用表简单判断阻容器件的好坏，得 4 分</td></tr>
</table>

行业：电力工程　　　工种：电力负荷控制员　　　等级：初、中

<table>
<tr><td>编　　号</td><td>C45A003</td><td>行为领域</td><td>e</td><td>鉴定范围</td><td>3</td></tr>
<tr><td>考核时限</td><td>45min</td><td>题　型</td><td>A</td><td>题　　分</td><td>20</td></tr>
<tr><td>试题正文</td><td colspan="5">焊接制作小容量直流电源</td></tr>
<tr><td>需要说明的问题和要求</td><td colspan="5">接线图：
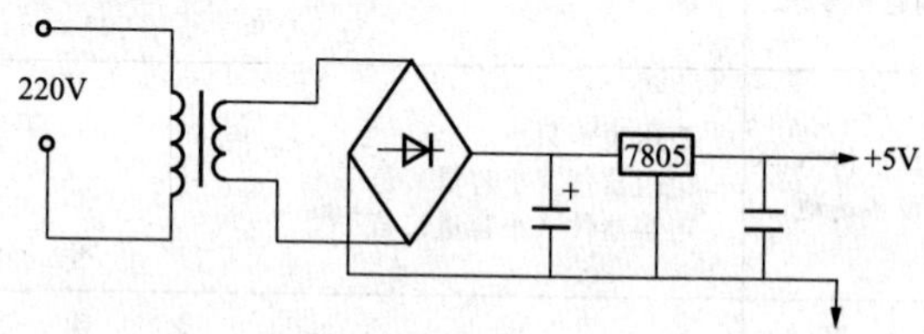
</td></tr>
<tr><td>工具、材料、设备场地</td><td colspan="5">小型变压器一件（220/9V，5VA）
桥式整流堆一个（250V，1A）
电解电容（25V，1000μF），电容（0.01μF）
稳压电路（7805）
电烙铁（25W）、焊丝、助焊剂、试验电路板及导线</td></tr>
<tr><td rowspan="4">评
分
标
准</td><td>序号</td><td colspan="4">项　目　名　称</td></tr>
<tr><td>1</td><td colspan="4">按图进行组装</td></tr>
<tr><td>质量要求</td><td colspan="4">线路焊接正确，焊点光洁、牢固</td></tr>
<tr><td>得分或扣分</td><td colspan="4">线路焊接正确、工作正常得 15 分
器件排列整齐、规范得 5 分</td></tr>
</table>

行业：电力工程　　工种：电力负荷控制员　　等级：中、高

<table>
<tr><td colspan="2">编　号</td><td>C34A004</td><td>行为领域</td><td>d</td><td>鉴定范围</td><td>2</td></tr>
<tr><td colspan="2">考核时限</td><td>5min</td><td>题　型</td><td>A</td><td>题　分</td><td>5</td></tr>
<tr><td colspan="2">试题正文</td><td colspan="5">使用频率计测量负荷管理终端发射频率</td></tr>
<tr><td colspan="2">需要说明的问题和要求</td><td colspan="5"></td></tr>
<tr><td colspan="2">工具、材料、设备场地</td><td colspan="5">数字型频率计一台
标准频率计接收天线一副
负荷管理终端一台</td></tr>
<tr><td rowspan="4">评分标准</td><td>序号</td><td colspan="5">项　目　名　称</td></tr>
<tr><td>1</td><td colspan="5">测量发射频率</td></tr>
<tr><td>质量要求</td><td colspan="5">正确连接相关设备</td></tr>
<tr><td>得分或扣分</td><td colspan="5">1. 正确连接相关设备得 2 分
2. 测出发射频率得 3 分</td></tr>
</table>

行业：电力工程　　工种：电力负荷控制员　　等级：高、技师

<table>
<tr><td>编　　号</td><td>C23A005</td><td>行为领域</td><td>e</td><td>鉴定范围</td><td>2</td></tr>
<tr><td>考核时限</td><td>5min</td><td>题　　型</td><td>A</td><td>题　　分</td><td>10</td></tr>
<tr><td>试题正文</td><td colspan="5">测试终端电源功耗（W）</td></tr>
<tr><td>需要说明的问题和要求</td><td colspan="5"></td></tr>
<tr><td>工具、材料、设备场地</td><td colspan="5">负荷管理终端一台
万用表一块</td></tr>
<tr><td rowspan="6">评分标准</td><td>序号</td><td colspan="4">项　目　名　称</td></tr>
<tr><td>1</td><td colspan="4">测量电流</td></tr>
<tr><td>2</td><td colspan="4">测量电压</td></tr>
<tr><td>3</td><td colspan="4">计算伏安数</td></tr>
<tr><td>质量要求</td><td colspan="4"></td></tr>
<tr><td>得分或扣分</td><td colspan="4">1. 测量电流值正确得 3 分
2. 测量电压值正确得 3 分
3. 计算伏安数正确得 4 分</td></tr>
</table>

行业：电力工程　工种：电力负荷控制员　等级：技师、高级技师

<table>
<tr><td>编　　号</td><td>C12A006</td><td>行为领域</td><td>e</td><td>鉴定范围</td><td>2</td></tr>
<tr><td>考核时限</td><td>10min</td><td>题　　型</td><td>A</td><td>题　　分</td><td>10</td></tr>
<tr><td colspan="2">试题正文</td><td colspan="4">测量计算高频电缆衰耗（dB/m）</td></tr>
<tr><td colspan="2">需要说明的问题和要求</td><td colspan="4"></td></tr>
<tr><td colspan="2">工具、材料、设备场地</td><td colspan="4">通过式功率计 1 台
电台一部（带电源）
高频电缆长 30m</td></tr>
<tr><td rowspan="5">评分标准</td><td>序号</td><td colspan="4">项　目　名　称</td></tr>
<tr><td>1</td><td colspan="4">测量电台出口功率及电缆末端功率</td></tr>
<tr><td>2</td><td colspan="4">计算电缆衰耗</td></tr>
<tr><td>质量要求</td><td colspan="4"></td></tr>
<tr><td>得分或扣分</td><td colspan="4">1. 测量电台出口功率及电缆末端功率正确，得 5 分
2. 计算电缆衰耗正确，得 5 分</td></tr>
</table>

4.2.2 多项操作

行业：电力工程　　工种：电力负荷控制员　　等级：中、高

<table>
<tr><td>编　　号</td><td>C34B007</td><td>行为领域</td><td>d</td><td>鉴定范围</td><td>3</td></tr>
<tr><td>考核时限</td><td>20min</td><td>题　　型</td><td>B</td><td>题　　分</td><td>20</td></tr>
<tr><td>试题正文</td><td colspan="5">负荷管理装置的试验接线及查找故障脉冲电表</td></tr>
<tr><td>需要说明的问题和要求</td><td colspan="5"></td></tr>
<tr><td>工具、材料、设备场地</td><td colspan="5">负荷管理终端一台（预先设置好参数）
脉冲电能表二块（其中一块不能输出脉冲）
脉冲电能表工作电流及假负载（可调）
电压表（0～220V）　　调压器 1（500W　0～250V）
电流表（0～5A）　　调压器 2（2000W　0～250V）</td></tr>
<tr><td rowspan="4">评分标准</td><td>序号</td><td colspan="4">项　目　名　称</td></tr>
<tr><td>1
2</td><td colspan="4">试验接线
找出故障脉冲表</td></tr>
<tr><td>质量要求</td><td colspan="4">1. 试验接线正确
2. 正确找出故障脉冲表</td></tr>
<tr><td>得分或扣分</td><td colspan="4">1. 终端接线、电表接线、连脉冲线、仪表接线正确，各得 2.5 分
2. 找出故障脉冲表，得 10 分</td></tr>
</table>

行业：电力工程　　工种：电力负荷控制员　　等级：中、高

<table>
<tr><td>编　号</td><td>C34B008</td><td>行为领域</td><td>e</td><td>鉴定范围</td><td>3</td></tr>
<tr><td>考核时限</td><td>20min</td><td>题　型</td><td>B</td><td>题　分</td><td>20</td></tr>
<tr><td colspan="2">试题正文</td><td colspan="4">负荷管理装置的试验接线及查找 RS–485 接口故障电能表</td></tr>
<tr><td colspan="2">需要说明的问题和要求</td><td colspan="4"></td></tr>
<tr><td colspan="2">工具、材料、设备场地</td><td colspan="4">负荷管理终端一台（预先设置好参数）
多功能电能表二块（其中一块 485 接口有故障）
电表工作电源（调压器 2 件、500W 及 2000W 各一件）
电压表（0～220V）
电流表（0～5A）</td></tr>
<tr><td rowspan="5">评分标准</td><td>序号</td><td colspan="4">项　目　名　称</td></tr>
<tr><td>1</td><td colspan="4">试验接线</td></tr>
<tr><td>2</td><td colspan="4">找出故障表</td></tr>
<tr><td>质量要求</td><td colspan="4">1. 试验接线正确
2. 正确找出故障表</td></tr>
<tr><td>得分或扣分</td><td colspan="4">1. 试验接线正确，得 10 分
2. 找出故障电能表，得 10 分</td></tr>
</table>

行业：电力工程　　工种：电力负荷控制员　　等级：中、高

<table>
<tr><td colspan="2">编　　号</td><td>C34B009</td><td>行为领域</td><td>f</td><td>鉴定范围</td><td>2</td></tr>
<tr><td colspan="2">考核时限</td><td>15min</td><td>题　　型</td><td>B</td><td>题　　分</td><td>15</td></tr>
<tr><td colspan="2">试题正文</td><td colspan="5">查询终端当前负荷定值及参数的操作</td></tr>
<tr><td colspan="2">需要说明的问题和要求</td><td colspan="5">1. 要求单独进行操作
2. 在终端装置上进行操作
3. 现场就地操作演示
4. 注意安全，文明操作演示</td></tr>
<tr><td colspan="2">工具、材料、设备场地</td><td colspan="5">现场终端设备</td></tr>
<tr><td rowspan="6">评分标准</td><td>序号</td><td colspan="5">项　目　名　称</td></tr>
<tr><td>1</td><td colspan="5">对终端面板进行按键操作，显示出“当前功率”</td></tr>
<tr><td>2</td><td colspan="5">对终端面板进行按键操作，显示出各种定值</td></tr>
<tr><td>3</td><td colspan="5">对终端面板进行按键操作，显示出各项参数</td></tr>
<tr><td>质量要求</td><td colspan="5">操作准确无误</td></tr>
<tr><td>得分或扣分</td><td colspan="5">1. 显示出“当前功率”得 5 分
2. 显示出各种定值得 5 分
3. 显示出各项参数得 5 分</td></tr>
</table>

行业：电力工程　工种：电力负荷控制员　等级：技师、高级技师

<table>
<tr><td>编　　号</td><td>C12B010</td><td>行为领域</td><td>e</td><td>鉴定范围</td><td>4</td></tr>
<tr><td>考核时限</td><td>15min</td><td>题　　型</td><td>B</td><td>题　　分</td><td>20</td></tr>
<tr><td>试题正文</td><td colspan="5">主站软件应用</td></tr>
<tr><td>需要说明的问题和要求</td><td colspan="5"></td></tr>
<tr><td>工具、材料、设备场地</td><td colspan="5">在负荷管理系统主站进行</td></tr>
<tr><td rowspan="13">评分标准</td><td>序号</td><td colspan="4">项　目　名　称</td></tr>
<tr><td>1</td><td colspan="4">对终端进行初始化复位、清除操作</td></tr>
<tr><td>2</td><td colspan="4">定值、参数设置</td></tr>
<tr><td>3</td><td colspan="4">控制操作</td></tr>
<tr><td>4</td><td colspan="4">查询终端实时数据</td></tr>
<tr><td>5</td><td colspan="4">查询终端参数</td></tr>
<tr><td>6</td><td colspan="4">通话控制</td></tr>
<tr><td>7</td><td colspan="4">校核时钟</td></tr>
<tr><td>8</td><td colspan="4">查询历史数据</td></tr>
<tr><td>9</td><td colspan="4">进行数据补测</td></tr>
<tr><td>10</td><td colspan="4">全体终端巡测</td></tr>
<tr><td>质量要求</td><td colspan="4">操作熟练</td></tr>
<tr><td>得分或扣分</td><td colspan="4">序号 1～10 每一项操作正确各得 2 分</td></tr>
</table>

行业：电力工程　　工种：电力负荷控制员等级：技师、高级技师

<table>
<tr><td colspan="2">编　　号</td><td>C12B011</td><td>行为领域</td><td>e</td><td>鉴定范围</td><td>2</td></tr>
<tr><td colspan="2">考核时限</td><td>10min</td><td>题　　型</td><td>B</td><td>题　　分</td><td>10</td></tr>
<tr><td colspan="2">试题正文</td><td colspan="5">使用通过式高频功率计测量电台输出功率</td></tr>
<tr><td colspan="2">需要说明的问题和要求</td><td colspan="5"></td></tr>
<tr><td colspan="2">工具、材料、设备场地</td><td colspan="5">通过式功率计一台
负荷管理终端一台
天线、高频馈线一套</td></tr>
<tr><td rowspan="5">评分标准</td><td>序号</td><td colspan="5">项　目　名　称</td></tr>
<tr><td>1</td><td colspan="5">正确接入功率计</td></tr>
<tr><td>2</td><td colspan="5">正确操作，读出发射功率、反射功率、驻波比</td></tr>
<tr><td>质量要求</td><td colspan="5">要求接触良好</td></tr>
<tr><td>得分或扣分</td><td colspan="5">1、2 两项，每项做错，均扣 5 分</td></tr>
</table>

行业：电力工程　　工种：电力负荷控制员　　等级：高、技师

<table>
<tr><td colspan="2">编　　号</td><td>C23B012</td><td>行为领域</td><td>e</td><td>鉴定范围</td><td>1</td></tr>
<tr><td colspan="2">考核时限</td><td>30min</td><td>题　　型</td><td>B</td><td>题　　分</td><td>10</td></tr>
<tr><td colspan="2">试题正文</td><td colspan="5">焊接天线馈线室内接头</td></tr>
<tr><td colspan="2">需要说明的问题和要求</td><td colspan="5"></td></tr>
<tr><td colspan="2">工具、材料、设备场地</td><td colspan="5">电烙铁（75～150W）、馈线 1m、室内接头一支、常用工具及焊锡丝若干</td></tr>
<tr><td rowspan="4">评分标准</td><td>序号</td><td colspan="5">项　目　名　称</td></tr>
<tr><td>1
2</td><td colspan="5">焊接正确、牢固
焊点光洁、平滑</td></tr>
<tr><td>质量要求</td><td colspan="5">操作熟练</td></tr>
<tr><td>得分或扣分</td><td colspan="5">1、2 两项，每项不满足要求，均扣 5 分</td></tr>
</table>

行业：电力工程　　工种：电力负荷控制员　　等级：高、技师

<table>
<tr><td colspan="2">编　　号</td><td>C23B013</td><td>行为领域</td><td>f</td><td>鉴定范围</td><td>1</td></tr>
<tr><td colspan="2">考核时限</td><td>30min</td><td>题　　型</td><td>B</td><td>题　　分</td><td>10</td></tr>
<tr><td colspan="2">试题正文</td><td colspan="5">操作并计算某日系统整点数据准确率</td></tr>
<tr><td colspan="2">需要说明的问题和要求</td><td colspan="5"></td></tr>
<tr><td colspan="2">工具、材料、设备场地</td><td colspan="5">在负荷管理系统主站进行</td></tr>
<tr><td rowspan="6">评分标准</td><td>序号</td><td colspan="5">项　目　名　称</td></tr>
<tr><td>1</td><td colspan="5">熟练操作打印某日负荷整点报表</td></tr>
<tr><td>2</td><td colspan="5">计算整点负荷数据准确率</td></tr>
<tr><td>3</td><td colspan="5">考核并解释不合格数据</td></tr>
<tr><td>质量要求</td><td colspan="5">1. 语言表达流畅
2. 对《考核标准》理解正确</td></tr>
<tr><td>得分或扣分</td><td colspan="5">1. 熟练操作打印负荷整点报表，得 3 分
2. 正确计算整点负荷数据准确率，得 3 分
3. 考核并解释不合格数据正确，得 4 分</td></tr>
</table>

行业：电力工程　　工种：电力负荷控制员等级：技师、高级技师

<table>
<tr><td colspan="2">编　　号</td><td>C12B014</td><td>行为领域</td><td>e</td><td>鉴定范围</td><td>3</td></tr>
<tr><td colspan="2">考核时限</td><td>25min</td><td>题　　型</td><td>B</td><td>题　　分</td><td>25</td></tr>
<tr><td colspan="2">试题正文</td><td colspan="5">配置负荷管理终端并测试试验直接跳闸功能，当地闭环定值控制功能、遥信遥测功能</td></tr>
<tr><td colspan="2">需要说明的问题和要求</td><td colspan="5">全部完成时间 25min</td></tr>
<tr><td colspan="2">工具、材料、设备场地</td><td colspan="5">负荷管理终端一台（有主站配合）
多功能电能表一块（脉冲或通信连接终端）
电表工作电源（调压器 500W 及 2000W 各一台）
电压表（0～220V）一块
电流表（0～5A）一块</td></tr>
<tr><td rowspan="8">评分标准</td><td>序号</td><td colspan="5">项　目　名　称</td></tr>
<tr><td>1</td><td colspan="5">完成试验接线</td></tr>
<tr><td>2</td><td colspan="5">报告主站电表等参数并下发终端参数</td></tr>
<tr><td>3</td><td colspan="5">报告主站进行直接跳闸（某轮次）</td></tr>
<tr><td>4</td><td colspan="5">报告主站设置参数进行闭环控制</td></tr>
<tr><td>5</td><td colspan="5">报告主站核对终端数据</td></tr>
<tr><td>质量要求</td><td colspan="5">报告电能表等参数正确，下发终端参数后，终端显示数据正确
不成功时可迅速找到原因，保证跳闸成功
报告主站的设置条件，能使终端自动跳闸</td></tr>
<tr><td>得分或扣分</td><td colspan="5">序号 1～5 完全正确，每项得 5 分</td></tr>
</table>

行业：电力工程　　工种：电力负荷控制员　　等级：高、技师

<table>
<tr><td colspan="2">编　　号</td><td>C23B015</td><td>行为领域</td><td>e</td><td>鉴定范围</td><td>2</td></tr>
<tr><td colspan="2">考核时限</td><td>20min</td><td>题　型</td><td>B</td><td>题　　分</td><td>15</td></tr>
<tr><td colspan="2">试题正文</td><td colspan="5">终端显示的当前负荷数据如何校对
（操作演示和讲解）</td></tr>
<tr><td colspan="2">需要说明的问题和要求</td><td colspan="5"></td></tr>
<tr><td colspan="2">工具、材料、设备场地</td><td colspan="5">在一终端安装现场进行</td></tr>
<tr><td rowspan="6">评分标准</td><td>序号</td><td colspan="5">项　目　名　称</td></tr>
<tr><td>1</td><td colspan="5">对比用户的负荷或电流表</td></tr>
<tr><td>2</td><td colspan="5">测量电能表转速，换算负荷值核对</td></tr>
<tr><td>3</td><td colspan="5">检查核对现场与终端参数</td></tr>
<tr><td>质量要求</td><td colspan="5"></td></tr>
<tr><td>得分或扣分</td><td colspan="5">序号 1～3，每一项正确完成得 5 分</td></tr>
</table>

5 试卷样例

中级负荷控制员知识要求试卷

一、选择题（每题一分，共 25 分）

下列每题都有 4 个答案，其中只有一个正确答案，将正确答案的代号填在括号内。

1. 三相变压器铭牌上所标的容量是指额定三相的（　　）。

（A）有功功率；（B）无功功率；（C）视在功率；（D）有功功率与无功功率之和。

2. 用具有全波整流器的整流系电压表测量交流 150V 电压时，电压表读数是（　　）。

（A）0V；（B）75V；（C）150V；（D）166.5V 左右。

3. 磁感应强度定义式 $B=\frac{F}{IL}$ 反映的物理量间的依赖关系是（　　）。

（A）B 由 F、I 和 L 决定；（B）F 由 B、I 和 L 决定；（C）I 由 B、F 和 L 决定；（D）L 由 B、I 和 F 决定。

4. 三相桥式整流电路中，每个二极管导通的时间是（　　）周期。

（A）1 个；（B）1/2 个；（C）1/3 个；（D）1/4 个。

5. 运行中的电力系统中发生一相断线故障时，不可能出现中性点位移的是（　　）。

（A）中性点不接地系统；（B）中性点直接接地系统；（C）中性点经消弧线圈接地系统；（D）（A）～（C）三种系统。

6.（　　）的作用是放大无线接收到的微弱射频信号，提高接收机的灵敏度。

（A）音频放大器；（B）第一中频放大器；（C）第二中频放大器；（D）高频放大器。

7. 在无线电接收机中，高频放大器的作用是（　　）。

（A）提高信噪比；（B）提高选择性；（C）提高接收灵敏度；（D）增加接收带宽。

8. 在无线电力负荷控制系统中，主站数传电台的功率一般不大于（　　）W。

（A）5；（B）10；（C）20；（D）25。

9. 因供电设施临时检修需要停止供电时，供电企业应当提前（　　）天通知重要客户。

（A）7；（B）3；（C）2；（D）1。

10. 对擅自迁移、更动或操作电力负荷控制装置的客户，供电企业（　　）。

（A）可立即停止供电；（B）对情节严重的可立即停止供电；（C）对情节严重的可按规定程序停止供电；（D）即使情节严重，也不能停止供电。

11. 电能表的进出线，电压和电流互感器二次线应用铜芯线，其最小截面为（　　）mm^2。

（A）1；（B）1.5；（C）2.5；（D）4。

12. 某仪表准确度等级是 0.5 级，指的是（　　）。

（A）绝对误差最大超过 0.5；（B）相对误差最大不超过 0.5；（C）绝对误差最大不超过 0.5%；（D）相对误差最大不超过 0.5%。

13. DOS 是 PC 机上的（　　）磁盘操作系统。

（A）多用户多任务；（B）单用户单任务；（C）实时；（D）分布式。

14. 记录在磁盘上的一组相关信息的集合，称为（　　）。

（A）外存储器；（B）文件；（C）数字；（D）内存储器。

15. DOS 环境中，扩展名是 BAK 的文件，称作（　　）。

（A）文本文件；（B）备用文件；（C）批处理文件；（D）系统文件。

16. 调制频偏是指已调信号瞬时频率与（　　）之差值。

（A）信号中心频率；（B）信号标称频率；（C）调制源的标称频率；（D）载频平均最大频率。

17. 信噪比的表示方式是（　　）。

（A）*S/N*；（B）*D/U*；（C）*NF*；（D）*C/N*。

18. 无线电力负荷控制的电波信号主要依赖（　　）传播。

（A）天波；（B）地波；（C）直射波；（D）绕射波。

19. 电压互感器二次回路（　　）。

（A）不可断路，可短路；（B）不能短路，可开路；（C）既能断路，又能短路；（D）既不能断路，又不能短路。

20. 负荷控制终端线性电源调整范围受（　　）的限制。

（A）负载大小；（B）变压器变比；（C）调整管耐压；（D）调整管功耗。

21. 由母线电容或变压器绕组电容与电磁式电压互感器引起谐振过电压的系统是（　　）。

（A）中性点不接地系统；（B）中性点经消弧线圈接地系统；（C）中性点直接接地系统；（D）（A）～（C）三种系统均可以。

22. 全面质量管理的特点就是管理（　　）。

（A）检验；（B）执行；（C）因素；（D）结果。

23. 某施工人员发现他人违章作业时，应该（　　）。

（A）自己当即予以制止；（B）报工作负责人予以制止；（C）报工作许可人予以制止；（D）报工作监护人予以制止。

24. 挂临时接地线的目的是为了防止工作地点突然来电及产生（　　），造成工作触电。

（A）工频电压；（B）感应电压；（C）内部过电压；（D）外部过电压。

25. 接地体的连接应采用（　　）。

（A）金属丝绑扎连接；（B）螺栓连接；（C）搭接焊；（D）对接焊。

二、判断题（每题1分，共25分）

判断下列描述是否正确，对的在括号内打“√”，错的在括号内打“×”。

1. 电力生产过程是连续的，发电、输电、变电、配电和用电在同一瞬时完成。（ ）

2. 几个不等值的电阻串联，每个电阻中流过的电流都相等。（ ）

3. 交流电在1s内重复变化的周期数，叫角速度。（ ）

4. 运算放大器是一种高增益、高输入电阻、高输出电阻的放大器。（ ）

5. 调制频偏是指已调信号瞬时频率与载频的差值。（ ）

6. 无线电按波长划分有长波、中波、短波、超短波、微波等，频率越高波长则越长。（ ）

7. 电气工作人员在10kV配电装置中工作，其活动范围与带电设备的最小安全距离是1m。（ ）

8. 变电站防护直击雷的措施是装设独立避雷针。（ ）

9. 电力负荷控制系统数据传输规约定义了两种帧格式，即固定帧与可变帧，它们均采用相同的起始字符。（ ）

10. 电容元件把吸收的能量以磁场能量的形式储存在磁场中。（ ）

11. 在单相全波整流电路中，每个二极管承受的最大单向电压是半波整流的四倍。（ ）

12. 双向终端主要有数传电台、主控板、显示电路、I/O接口及电源等组成。（ ）

13. 负荷控制系统中，所有终端都有一个硬件地址编码，简称终端地址。（ ）

14. 国家无线电管理委员会规定无线电力负荷控制系统使用230MHz的专用频率。（ ）

15. 天线主要用于接收和发射信号，天线的好坏直接影响到系统的通信质量。（ ）

16. 数传电台由发射机、接收机、调制器、解调器四大部分组成。 (   )

17. 在安装天线时，天线振子应尽量靠近墙。 (   )

18. 双向终端的安装过程中，接电能表脉冲线时，应先接终端侧，再接电能表端。 (   )

19. 电力负荷控制系统的防雷措施大致分为屏蔽、均压、拦截和分流等几种办法。 (   )

20. 巡视是控制中心按预定顺序依次对系统内各双向终端采集数据的收集。 (   )

21. 场强是指接收天线上的无线电波的能量密度，其大小决定于发射天线的辐射功率及与天线的距离，距离增加，场强也随之增加。 (   )

22. 无线电波在传播中会受到空气、大地、物体等介质的影响而产生反射、折射等，并导致能量损耗。 (   )

23. 电气设备着火时，对带电设备应使用泡沫灭火器灭火。 (   )

24. 无论哪种终端，都是一个计算机应用系统。 (   )

25. 遥控功能就是指主控站能够对各终端进行跳、合闸控制。 (   )

三、简答题（每题 6 分，共 18 分）

1. 简述客户日负荷曲线、系统年最大负荷曲线的意义。

2. 无线电负荷控制双向终端主要由哪几部分组成？说明其主要作用。

3. 无线电电力负荷控制系统专用信道的频率范围、调制方式、调制频偏是如何规定的？

四、计算题（每题 6 分，共 12 分）

1. 某单位的三相有功电能表常数 C 为 1500r/kWh，每圈脉冲数 K_n 为 1，该厂负荷 P 为 2kW，则 2h 后，该电能表共发出多少脉冲？

2. 测得一电台出口发射功率 P_0 为 25W，通过一段高频馈

线衰耗后的功率 P_1 为 12.5W，计算该段馈线的衰耗分贝数。

五、绘图题（10 分）

画出晶体管的输出特性曲线，并指出饱和区、截止区、放大区的范围。

六、论述题（10 分）

论述多功能电能表及 RS–485 接口故障的简单判别方法。

中级负荷控制员知识要求试卷答案

一、选择题

1.（C）；2.（C）；3.（B）；4.（C）；5.（B）；6.（D）；7.（C）；8.（D）；9.（D）；10.（C）；11.（C）；12.（D）；13.（B）；14.（B）；15.（B）；16.（B）；17.（A）；18.（C）；19.（B）；20.（D）；21.（A）；22.（C）；23.（A）；24.（B）；25.（C）。

二、判断题

1.（√）；2.（√）；3.（×）；4.（×）；5.（√）；6.（×）；7.（×）；8.（√）；9.（×）；10.（×）；11.（×）；12.（√）；13.（√）；14.（√）；15.（√）；16.（√）；17.（×）；18.（×）；19.（√）；20.（√）；21.（×）；22.（√）；23.（×）；24.（√）；25.（√）。

三、简答题

1. 答：日负荷曲线：反映用户电力负荷在一天 24 小时变化的曲线。系统年最大负荷曲线；反映从年初到年底系统逐日（或逐月）综合最大负荷变化规律的曲线。

2. 答：（1）电台：接收和发射数据；

（2）主控板：是终端与主控站通信，实现各种功能的指挥中心；

（3）显示电路：显示该终端所监控用户的各种用电指标和用电情况；

（4）电源：将 220V（100V）交流电变换成终端机内各部件所需的直流电源；

（5）I/O 输出板：将由对象所引入的遥控线、遥信线、遥测线、脉冲线等，经光电隔离或电平转换与主控板连接，完成各自功能。

3. 答：（1）频率范围：230MHz 频段；

（2）调制方式：2FSK-FM 调制，即二进制移频键控和调频双重调制；

（3）调制频偏：±5kHz。

四、计算题

1. 解：脉冲数 $=P\times C\times K_n\times T=2\times 1500\times 1\times 2=6000$（个）

答：该电表共发出 6000 个脉冲。

2. 解：衰耗 $=10\log P_0/P_1=10\log 25/12.5=3$（dB）

答：该段馈线的衰耗为 3dB。

五、绘图题

答：如图 1 所示。

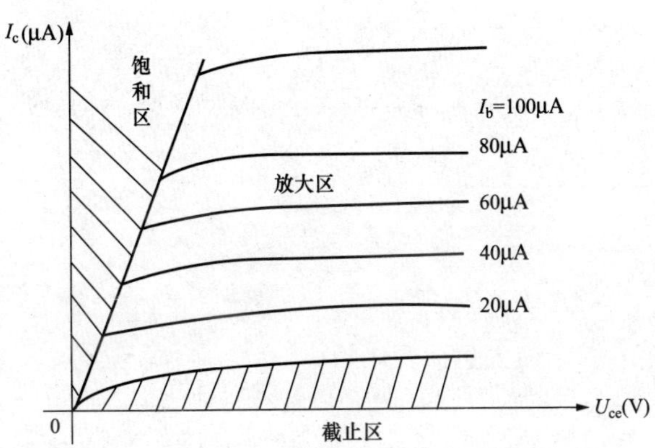

图 1

六、论述题

答：（1）对全电子式多功能表，循环显示正常，未见异常告警和异常接线故障；对于机电一体多功能电表，显示应正常，其表盘每转一圈，应有相应脉冲指标，否则电表有故障；

（2）用万用表直流低压档测量 RS–485 接口 A、B 线端，一般 $U_{AB} \geqslant 0.2V$，通信时应有微微指针摆动，否则应进一步测试。

6 组卷方案

6.1 理论知识考试组卷方案

技能鉴定理论知识试卷每卷不应少于五种题型，其题量为45～60题（试卷的题型与题量的分配参照附表）。

试卷的题型与题量分配（组卷方案）表

题型	鉴定工种等级		配分	
	初级、中级	高级工、技师	初、中级工	高级工、技师
选择	20题（1～2分/题）	20题（1～2分/题）	20～40	20～40
判断	20题（1～2分/题）	20题（1～2分/题）	20～40	20～40
简答/计算	5题（6分/题）	5题（5分/题）	30	25
绘图/论述	1题（10分/题）	1题（5分/题） 2题（10分/题）	10	15
总计	45～55	47～60	100	100

高级技师的试卷，可根据实际情况参照技师试卷命题，综合性、论述性的内容比重加大。

6.2 技能操作考核方案

对于技能操作试卷，库内每一个工种的各技术等级下，应最少保证有5套试卷（考核方案），每套试卷应由2～3项典型操作或标准化作业组成，其选项内容互为补充，不得重复。

技能操作考核由实际操作与口试或技术答辩两项内容组成，初、中级工实际操作加口试进行，技术答辩一般只在高级工、技师、高级技师中进行，并根据实际情况确定其组织方式和答辩内容。